RECHERCHES

SUR L'EMPLOI AGRICOLE

DES

PHOSPHATES

RECHERCHES

SUR L'EMPLOI AGRICOLE

DES

PHOSPHATES

Par P.-P. DEHERAIN

DOCTEUR ÈS SCIENCES,

Préparateur au Conservatoire impérial des Arts et Métiers,
Professeur de Chimie au Collége municipal Chaptal.

> La quantité de phosphate de chaux renfermée dans un animal ne s'élève pas au cinquième de son poids, et cependant personne n'élève de doutes sur la nécessité de ce sel pour la formation du système osseux. J'ai trouvé ce sel dans les cendres de toutes les plantes que j'ai examinées, et l'on n'a aucun motif pour admettre qu'elles peuvent exister sans lui.
>
> THÉODORE DE SAUSSURE,
> *Recherches chimiques sur la végétation,*
> page 261. 1804 (an XII).

PARIS,

LIBRAIRIE CENTRALE D'AGRICULTURE ET DE JARDINAGE,

QUAI DES GRANDS-AUGUSTINS, 41.

— **Auguste GOIN**, éditeur. —

1860.

A

M. J. DECAISNE

Membre de l'Académie des Sciences
Professeur administrateur au Muséum d'Histoire naturelle, etc.;

A

M. E. BAUDEMENT

Professeur au Conservatoire impérial des Arts et Métiers
Membre de la Société impériale et centrale d'Agriculture, etc.;

Hommage de respectueuse amitié
et de vive reconnaissance.

Pierre-Paul DEHERAIN.

Avril 1859.

RECHERCHES

SUR L'EMPLOI AGRICOLE

DES

PHOSPHATES

—

Mémoires présentés à l'Académie des Sciences
les 6 juillet 1857 et 20 décembre 1858.

—

INTRODUCTION.

—

De l'importance agricole des Phosphates.

Théodore de Saussure, le premier, pensa que les principes minéraux sont aussi indispensables au développement complet des plantes, que le sont le carbone, l'hydrogène, l'oxygène et l'azote, qui forment leurs tissus mêmes.

Les nombreuses analyses de cendres qu'il exécuta, celles que firent plus tard M. P. Berthier et M. Boussingault, mirent hors de doute que les plantes choisissent dans le sol des substances minérales, différentes suivant les espèces, mais constantes pour chacune d'elles. Des conséquences de la plus haute importance pour l'agriculture découlèrent de cette observation. On commença à soupçonner que la fertilité du sol n'est pas déterminée seulement par l'abondance des débris d'origine organique, de l'humus, mais aussi par la présence des substances minérales que l'analyse avait indiquée dans les plantes. On rechercha ces substances dans la terre arable, et, de leur présence ou de leur défaut, on put déduire la composition logique des engrais propres aux cultures diverses dans divers terrains.

Entre autres principes, les cendres d'un grand nombre de plantes renferment de l'acide phosphorique, et il est remarquable que celles qui en renferment le plus sont précisément employées par l'homme à son alimentation ou à celle des animaux domestiques. Les graines de ces végétaux alimentaires seraient donc la source où le règne animal puise l'acide phosphorique nécessaire à la constitution du système osseux, si riche en phosphate de chaux.

Après Th. de Saussure, qui a donné, dans son admirable travail sur la végétation (1), soixante-quinze analyses de cendres de plantes ou de fragments de plantes, M. P. Berthier a consacré beaucoup de talent et de temps à des recherches analytiques de même ordre, propres à éclairer l'agriculture ou l'industrie. Nous lui devons un grand nombre d'analyses publiées en plusieurs séries, et qui nous font connaître la composition des cendres de différentes espèces végétales dont il a distingué diverses parties.

Il en résulte très-nettement que les branches, les feuilles, les tiges, tous les organes de la végétation renferment bien moins d'acide phosphorique que les graines, et il semble que c'est seulement au moment de la formation de ces organes de la fructification que l'acide phosphorique pénètre dans la plante.

M. P. Berthier indique dans son mémoire (2) la quantité de cendres que laissent les plantes après qu'elles ont été desséchées à l'air; il détermine ensuite la quantité et la nature des substances que ces cendres renferment. Nous citerons quelques-unes des analyses qui se rapportent aux plantes habituellement cultivées.

(1) Th. DE SAUSSURE, *Recherches chimiques sur la végétation*, an XII (1804).

(2) P. BERTHIER, *Mémoires d'Agriculture publiés par la Société impériale et centrale d'Agriculture*, 1853.

Richesse en phosphates des cendres de différentes plantes, d'après M. P. BERTHIER.

DÉSIGNATION DES PLANTES.	Cendres pour 1,000 de plantes.	Phosphate de potasse dans 1,000 de cendre	Phosphate de chaux (1).	Phosphate de magnésie (2).	Phosphate de fer.	Somme des phosphates
Tubercules de pommes de terre....	0,008	0,3470	0,0687*	0,0250	0,0170	0,4577
Foin..............	0,037	......	0,146	......	0,020	0,166
Luzerne d'Orange (Vaucluse)......	0,089	......	0,0730	......	......	0,0730
Foin de Nemours (Seine-et-Marne).	0,0537	......	0,1131	......	0,0174	0,1842
Céréales. (Grains.)						
Blé blanc, dit blé chartrain........	0,015	0,500	0,220*	0,280	......	1,000
Blé rouge de Saumur..........	0,016	0,490	0,238*	0,272	......	1,000
Blé d'Egypte......	0,015	0,517	0,200	0,283	......	1,000
Farine de gruau...	0,0068	0,603	0,235	0,162	......	1,000
Son brut..	0,053	0,530	0,113	0,357	......	1,000
Seigle............	0,0200	0,485	0,292*	0,183*	......	0,960
Son pur de seigle..	0,036	0,277	0,333	0,390	......	1,000
Orge perlé........	0,006	0,366	0,250	0,216	......	0,832
Avoine...........	0,0273	0,075	0,165	0,200	......	0,440
Avoine perlé.....	0,015	0,500	0,154	0,333	......	0,987
Riz de la Caroline..	0,035	0,570	0,230	0,200	......	1,000
Haricots	0,0343	0,626	0,248	0,180	......	0,108
Pois chiches.......	0,032	0,653	0,162	0,040	0,010	0,865

(1) Le phosphate de chaux, marqué d'un astérisque, est manganésifère.

(2) Le phosphate de magnésie, marqué d'un astérisque, est ferreux.

De la présence constante de l'acide phosphorique dans les cendres des céréales, on peut conclure que cet acide est nécessaire à leur complet développement.

C'est ce que viennent confirmer, au reste, des expériences synthétiques récentes de M. Boussingault (1). Cet illustre observateur a vu une plante rester chétive dans un sol riche en principes azotés assimilables, mais dépourvu de phosphates, et ne prendre son accroissement normal qu'autant qu'on lui fournissait cet aliment.

C'est du sol seulement que les plantes peuvent tirer l'acide phosphorique qu'elles contiennent; elles ne l'y trouvent pas en général en grande quantité. Sur vingt-six analyses de terres végétales données par M. P. Berthier dans son mémoire, une seule indique la présence de l'acide phosphorique; c'est une terre de laisse de mer de Furnes, renfermant, sur 1 kilogramme, 5 grammes de phosphate de chaux, c'est-à-dire 2. 2 d'acide phosphorique. M. Boussingault a trouvé dans une terre de Hollande 0 gr. 16 d'acide phosphorique pour 1 kil.

J'ai analysé moi-même sept échantillons de terre arable provenant de plusieurs départements de la France éloignés les uns des autres; la terre qui renfermait le plus d'acide phosphorique en donnait 0 gr. 278 par kilogramme; elle provenait du département de Seine-et-Marne; une terre venant d'Indre-et-Loire n'en donnait que 0 gr. 064; c'était celle dans laquelle cet acide était en moindre quantité. Une terre de bruyère de Sologne et une terre à chanvre de la Somme ne m'ont pas donné traces d'acide phosphorique.

C'est cependant au sol qu'a été enlevée la quantité considérable d'acide phosphorique que renferment tous les os mis dans le commerce sous une forme ou sous une autre, tous ceux qui sont conservés dans les cimetières

______

(1) Boussingault, *Comptes-rendus des séances de l'Académie des Sciences*, tome XLV, 1857, p. 833.

ou enfouis dans les catacombes ; le phosphate qu'ils contiennent est de la sorte retiré de la circulation générale.

Tandis que le charbon, l'oxygène, l'hydrogène et l'azote qui forment les tissus musculaires des animaux sont essentiellement aptes à reprendre l'état aériforme, et à rentrer, sous forme d'eau, d'acide carbonique, d'ammoniaque ou d'acide azotique, dans l'organisation de nouveaux êtres, le phosphore, engagé dans des combinaisons fixes, peu altérables, reste là où il est déposé.

« Si l'acide phosphorique était une substance très-abondante dans la nature, la quantité qui peut en avoir été séquestrée de cette manière serait insignifiante ; mais vu sa rareté relative, cette quantité n'est pas absolument négligeable.

« On peut estimer à environ un milliard le nombre des hommes qui, depuis les Celtes jusqu'à nous, ont vécu sur le territoire de la France. Tout l'acide phosphorique contenu dans leurs os et dans leurs chairs provenait de notre sol, et il a été entièrement soustrait aux emplois agricoles.

« Or, un squelette humain pèse environ 4 kilogrammes 600 grammes, et il renferme environ 2 kilogrammes 440 grammes de phosphate de chaux ; en y ajoutant 840 grammes de ce même phosphate existant dansles parties molles (muscles, tendons, etc.), on trouve 3 kilogrammes 280 grammes de phosphate de chaux dans un cadavre humain.

« Mais il s'agit du corps d'un homme adulte de taille moyenne ; or, dans le milliard d'individus dont nous avons parlé, la moitié étaient des femmes, généralement plus petites que les hommes, et près de la moitié des individus des deux sexes sont morts avant l'âge adulte, à diverses époques de l'enfance et de l'adolescence. Cette double circonstance exigerait une double réduction à laquelle nous aurons probablement égard d'une manière à peu près exacte, en supposant que chaque corps contenait, en moyenne, une quantité d'acide phosphoriquè correspondante à *deux kilogrammes* de phosphate de chaux.

« D'après ces données, le milliard d'individus dont le sol de la France a fourni l'acide phosphorique en ont emporté, en mourant, une quantité correspondante à deux milliards de kilogrammes ou deux millions de tonnes de phosphate de chaux (1). »

Il n'est donc pas douteux que, pour rétablir le sol de la France dans l'état où il se trouvait quand il a commencé à être cultivé, il faudrait pouvoir lui rendre la quantité considérable de phosphate qu'il a perdue. Sa fécondité même l'a épuisé, et le nombre de ses enfants a diminué son aptitude à les nourrir.

Si nous comparons l'état actuel de l'Asie-Mineure, de la Sicile, de certaines parties de l'Italie avec celui dans lequel ces pays se trouvaient il y a vingt siècles, nous trouvons que de rares habitants affamés et fiévreux ont remplacé les populations denses, riches qui les occupaient autrefois. Sont-ce les guerres, les torrents d'hommes qui ont passé sur elles, qui les ont ainsi dévastées Pourquoi, alors, n'en est-il pas de même de l'Egypte, tour à tour visitée par les conquérants africains, perses, grecs, romains, arabes, turcs ? pourquoi, malgré tant de misères, se relève-t-elle toujours dans sa prodigieuse fécondité ? C'est que le Nil, revenant périodiquement lui apporter son limon bienfaisant, répare les pertes occasionnées par la culture même, tandis que l'Euphrate et le Tigre, ne débordant pas régulièrement sur les pays qu'ils traversent, n'ont pu les rajeunir par le dépôt des matières qu'ils charrient et coulent aujourd'hui dans des contrées dont l'épuisement a amené la stérilité.

(1) Elie DE BEAUMONT. (Extrait des Mémoires de la Société impériale et centrale d'Agriculture, 1856.) *Etude sur l'utilité agricole du phosphore.*

Les récoltes prolongées de céréales et leur exportation peuvent, d'après sir H. Davy (1), être les causes de cette stérilité. Or, si nous comparons les analyses des cendres des céréales à celles des terres, si nous voyons d'une part la masse énorme de phosphates que prélèvent ces plantes, de l'autre la pauvreté en acide phosphorique des sols qui les ont portées, nous serons amenés à conclure que si les exportations de céréales peuvent ruiner un pays, c'est surtout en lui enlevant de l'acide phosphorique.

C'est ce que les peuples modernes sauront éviter ; plus instruits, mieux guidés par une science plus avancée, ils savent rendre au sol les éléments de sa fertilité, et cette marche logique imprimée au premier des arts montrera une fois de plus l'influence bienfaisante des sciences sur les destinées de l'humanité.

Historique de l'emploi du phosphate de chaux en agriculture.

Une fabrique d'objets en os, établie depuis de longues années à Thiers, dans le Puy-de-Dôme, paraît avoir fourni à l'agriculture les premiers débris d'ossements qu'elle employa ; toutefois les bons effets qu'elle en ressentit eurent peu de retentissement, et c'est en Allemagne que semble avoir pris naissance l'usage de la poudre d'os dans la grande culture.

Si l'on en croit Friederich Ebner (2), ce serait un habitant de Sollingen, M. Friederich Kropp, qui, en 1802, aurait eu l'idée de substituer les os pilés aux engrais or-

(1) *Chimie agricole.* — *The collected works of sir* H. DAVY, 1840, tome VIII, p. 58.

(2) *Annales de Roville*, tome VI, p. 376. — *De l'emploi des os pilés, comme engrais, dans la Grande-Bretagne*, par J.-C. FAWTIER, 1830.

dinaires employés pour fumer les terres. Malgré le succès obtenu, l'usage des os ne se répandit en Allemagne qu'avec lenteur ; mais aussitôt que les bons effets de cette matière eurent été constatés en Angleterre, son emploi prit un accroissement énorme. L'Angleterre était à l'une des plus grandes périodes de son histoire ; pendant qu'elle luttait contre nous, son agriculture faisait de rapides progrès, Bakewell et Colling lui donnaient ses admirables races de boucherie, et elle commençait à jeter à pleines mains les engrais artificiels sur ses terres humides.

Une usine, destinée au broyage des os, s'établit à Hull, dans le comté d'York. Les os réussirent si bien, surtout pour la culture des turneps, base de la merveilleuse agriculture du Norfolk, que bientôt, malgré l'énorme consommation de viande du pays, les bouchers furent dans l'impossibilité de suffire aux demandes ; on s'adressa au continent. De toutes parts les os arrivèrent à l'établissement de Hull, auquel plusieurs autres vinrent bientôt faire concurrence ; chacun d'eux livra journellement plus de 2,000 kilogrammes de poudre d'os. En 1822, l'Angleterre tira de l'Allemagne plus de 30,000 kilogrammes d'ossements recueillis sur les champs de bataille des dernières guerres (1). En 1825, on expédia du seul port de Rostock, dans le duché de Mecklembourg, près de 2 millions d'os de bœuf pour les manufactures de Hull. L'Espagne exporta également les masses d'ossements provenant de la destruction de la cavalerie anglaise lors de la défaite et de l'embarquement rapide de l'armée de la Grande-Bretagne à la Corogne.

En France, l'emploi des os fut plus lent à se répandre ; toutefois, il existait en 1826 plusieurs usines destinées au broyage des os, notamment en Alsace, où l'une d'entre elles fut visitée par Darcet et par Gay-Lussac. Il est

(1) *Loc. citato.*

remarquable que le propriétaire de cet établissement fut tombé empiriquement sur un des mélanges les plus actifs que puisse employer l'agriculture. Il mélangeait à 90 parties de poudre d'os broyés 10 parties de salpêtre, pour empêcher, disait-il, la fermentation des os ; les beaux travaux de M. Boussingault ont montré depuis que l'association du nitrate de potasse et du phosphate de chaux était une des plus fécondes qu'on pût imaginer : cette poudre se vendait 16 fr. les 100 kilogrammes.

L'emploi des os commençait aussi à se répandre dans le Palatinat, quand la découverte du pouvoir décolorant du noir animal pour les sirops de sucre vint activer immensément la consommation des résidus d'os.

M. Payen signalait, dès l'année 1822, les bons effets qu'il avait obtenus de l'emploi comme engrais du noir de raffinerie : « J'ai observé, depuis ces nouvelles modifications apportées dans le travail des raffineries, que les résidus du noir employé au raffinage du sucre pouvaient, dans beaucoup de circonstances, activer la végétation d'une manière très-utile ; j'ai déjà acquis beaucoup de données certaines des avantages que présente, sous ce rapport, cette matière que les raffineurs étaient obligés de transporter dans les décharges publiques ; déjà des quantités considérables ont été répandues avec fruit dans notre plaine de Grenelle et sur quelques autres points de grandes cultures, et je me propose de publier les effets obtenus de cet engrais nouveau, qui ne peut manquer d'être employé bientôt en totalité et fort utilement (1). »

Pendant les longues guerres maritimes de l'Empire, l'extraction du sucre de la betterave avait commencé à se généraliser ; lorsque la paix fut rétablie, elle reprit, après quelques hésitations, un nouvel essor, en même temps que nos colonies nous envoyaient des sucres bruts

(1) *Annales de l'Industrie*, tome VI, p. 261.

à traiter dans la mère patrie; ces industries employèrent bientôt des quantités considérables du noir d'os recommandé par M. Payen, et l'agriculture put employer une masse énorme de ce produit; tant il est vrai qu'ainsi que le mal le bien est fécond, et qu'un pas fait dans une certaine voie en détermine un nouveau dans une autre branche de l'activité humaine. L'agriculture avait puissamment servi l'industrie en lui donnant la betterave; mais celle-ci lui rendit son bienfait sous forme d'un engrais puissant : le noir d'os.

« C'est donc vers cette année 1822 qu'on essaya d'utiliser aux environs de Nantes les énormes dépôts de noir animal qui, après avoir servi à la clarification des sucres, s'accumulaient inutiles et gênants aux abords des raffineries de cette ville; et, moins de quinze ans après, malgré l'esprit de routine des cultivateurs de cette contrée, malgré une hausse énorme de prix, Nantes, ne pouvant plus suffire aux demandes incessantes de l'agriculture bretonne et vendéenne, s'adressait à tous les centres de raffinerie de sucre de France et de l'étranger, et importait annuellement environ 15 millions de kilogrammes de noirs résidus. Le commerce des engrais, à Nantes, consiste surtout dans la vente du noir animal. Les transactions sur cette substance, principalement de mars à septembre, présentent une activité dont il est difficile de se faire une idée, lorsqu'on n'en a pas été témoin. On voit arriver dans ce port les résidus de la clarification des raffineries de Paris, de Bordeaux, de Marseille, de Livourne, du Havre, d'Orléans, de Londres, de Hambourg, d'Amsterdam, de Stettin, de Kœnigsberg, de Venise, etc.; les noirs en pains de Saint-Pétersbourg, de Riga, de New-York; les résidus de la revivification et du blutage des sucreries indigènes; les noirs fins provenant de la carbonisation des os, après extraction de la gélatine; les produits de la calcination des déchets de boutonneries, etc. Toutes ces substances forment par an

un total de 17 millions de kilogrammes environ, savoir :
7 millions de noir animal de provenance étrangère, et
10 millions de noir animal de provenance française.
D'abord, le prix de vente, qui n'était à l'origine que de
2 fr. l'hectolitre (du poids de 95 kil.), s'est élevé à 5, 10,
12 et 14 fr. ; en 1855, il a été compris, selon les qualités,
entre 12 et 16 fr., ce qui correspond à 12 fr. 63 c. et
16 fr. 84 c. le quintal métrique (126 à 168 fr. la tonne).
A raison d'un prix moyen de 13 fr., on voit que le commerce des noirs pour l'agriculture s'élève, à Nantes, à
une somme annuelle de 2,210,000 fr. (1). »

Actuellement, sur la place de Nantes, on vend en
moyenne 16 millions de kilogrammes de noir animal
arrivant par la navigation et 8 millions par chemins de
fer ; la ville elle-même en produit 2,500,000 kil. ; ce qui
donne un total de plus de 21 millions de kilogrammes,
représentant une valeur de 4 millions de francs.

A l'époque où les os pulvérisés commencèrent à être
employés par l'agriculture, la chimie agricole était peu
avancée et ne trouva pas immédiatement l'explication de
l'effet heureux de ces substances.

M. Fawtier, dont nous avons cité l'article sur l'emploi
agricole des os (2), après avoir rappelé qu'ils renferment
trois ordres de substances : des matières alcalines ou
terreuses, des cartilages, de la gélatine, et enfin de la
graisse, s'énonce en ces termes : « Nous pouvons négliger
un des composés terreux, c'est-à-dire le phosphate de
chaux, parce qu'étant indestructible, insoluble, il ne
peut servir d'engrais, lors même qu'il se trouverait placé
dans un sol humide et dans le voisinage immédiat des
racines des plantes, c'est-à-dire dans une combinaison

____

(1) MM. Barral et Moll, *Sur l'emploi agricole du noir animal* (*Journal d'Agriculture pratique*, 1856). — M. Elie de Beaumont, *Etude sur l'utilité agricole et sur les gisements géologiques du phosphore*, 1857, p. 15.

(2) *Annales de Roville* (*loc. citato*).

de circonstances douée d'une puissance analytique plus grande que tous les procédés de chimie inorganique. »

L'auteur, citant ensuite l'opinion de la Société d'agriculture de Doncaster, rappelle des expériences propres à faire un peu approcher de la vérité : « Il semble, en effet, que les os agissent, non pas précisément par la substance grasse, le suc animal, contenus dans la moelle, les cartilages, etc., mais surtout par certains principes gazeux qui se développent pendant leur décomposition. Ce qui semblerait le prouver, c'est que les os dont on a extrait la gélatine ont été trouvés plus actifs, plus efficaces pour fertiliser le sol que les os frais. Dans ce cas, la poudre d'os semblerait agir par le calcaire qu'elle contient, comme absorbant l'humidité pour la transmettre aux plantes. »

Plus tard, on n'attribua qu'à la gélatine les bons effets agricoles des os. C'est ainsi que M. Payen, voulant expliquer les anomalies signalées dans l'emploi agricole du noir animal et la non réussite des os déjà fermentés, s'exprime ainsi : « Ils ne renferment plus, après avoir fermenté pendant quelques jours, que 2 centièmes environ de gélatine et n'ont plus d'utilité sensible comme engrais (1). »

Toutefois, une autre opinion ne tarda pas à s'établir : depuis fort longtemps, on avait découvert dans les cendres des graines une grande quantité de phosphore; Polt, le premier, paraît l'avoir signalée; Margraff (2), puis Vauquelin, et enfin Théodore de Saussure (3) en trouvèrent également.

S'appuyant sur la connaissance de ces faits, M. de Liebig, qui a tant contribué à faire admettre l'influence

(1) **Payen**, *Mémoires de la Société royale d'Agriculture,* tome LX, 1832.

(2) *Opuscules chimiques* de **Margraff**, tome Ier, p. 68

(3) *Recherches chimiques sur la végétation,* p. 296.

des éléments minéraux sur le développement des plantes, ne pouvait méconnaître dans l'engrais d'os l'importance du phosphate de chaux (1).

Cette importance était admise aussi par M. Puvis (2), quand, en 1843, le duc de Richmond fit une série d'expériences sur l'emploi des os. Il démontra d'abord, par des expériences directes sur le sol, que l'action des os calcinés ou bouillis, privés de tout ou partie de leur matière grasse et de leur gélatine, n'est guère inférieure à celle des os crus, et il en conclut, contre l'opinion générale, que le principe fertilisant des os n'est ni la graisse ni la gélatine, mais bien le phosphate de chaux. Il alla même plus loin et pensa que ce n'était pas la chaux la partie la plus active des os, mais l'acide phosphorique qui cédait son phosphore aux céréales (3).

Des expériences nombreuses suivirent celles de l'illustre agronome anglais, en France et de l'autre côté de la Manche, et la justesse des vues du duc de Richmond fut reconnue.

C'est alors qu'on songea à utiliser les phosphates fossiles décrits par les géologues, et employés seulement dans quelques localités.

Dans le Suffolk et dans le Norfolk on exploitait en effet, depuis un temps immémorial, un dépôt de coquilles, et on l'employait à l'amendement des terres. Ce dépôt est analogue au falun de Touraine, exploité aussi depuis des siècles pour le même usage.

En 1818, puis en 1820, M. Berthier avait signalé en France l'existence de phosphate de chaux sur la plage du Pas-de-Calais, près de Wissant, et au cap de la Hève, près du Havre, sous forme de nodules, disséminés au milieu des galets.

(1) *Chimie appliquée à l'Agriculture,* 2e édit., p. 261. Paris, 1856.
(2) *Journal d'Agriculture pratique,* 3e série, p. 204. 1850.
(3) *Journal d'Agriculture pratique,* tome VI, 2e série, p. 238. 1849.

En 1822, M. le docteur Buckland annonça la présence de nombreux débris animaux, riches en phosphate de chaux, dans le Yorkshire. Plus tard, en 1829, cet illustre savant lut, à la Société géologique de Londres, un mémoire très-important, dans lequel il fit connaître la découverte faite par lui de nombreux coprolithes ou *fossil fœces* dans le lias de Lyme-Regis (Dorsetshire). M. Buckland avait encore trouvé ces mêmes coprolithes dans plusieurs couches du terrain oolithique, dans le grès vert, dans la craie et dans diverses couches sédimentaires (1).

Successivement M. Acton, M. Nesbit indiquèrent en Angleterre des gisements de phosphate de chaux fossile, en rognons, dans diverses localités.

En 1847, on remarqua que les os ne produisaient aucun effet sur des terres assez fertiles reposant sur un sous-sol de grès vert supérieur et inférieur. Cela devait faire soupçonner que le phosphate de chaux se trouvait naturellement dans ces terrains. Le terrain fut analysé par M. J. C. Nesbit, qui y découvrit une proportion inaccoutumée d'acide phosphorique. La roche concassée et lessivée laissa apparaître des nodules renfermant 28 p. 100 d'acide phosphorique.

En 1848, M. Paine, de Farnham, sur les propriétés duquel avaient été trouvés les nodules, annonça que ces rognons de phosphate de chaux avaient été employés avantageusement par lui pour remplacer les os pulvérisés (2).

C'est cette exploitation que vit Dufrénoy, quelques années plus tard; il constata le bon effet obtenu sur les cultures, mais sans pouvoir connaître la dépense qu'oc-

(1) BUCKLAND, *Reliquiæ diluvianæ* (1823). *Geological Transactions*, 2e série, vol. III, p. 223. — Elie DE BEAUMONT, *loc. cit.* p. 21.

(2) *Quaterly journal of the geological Society.*

casionne son emploi, et sans, par conséquent, pouvoir décider l'avantage qui en résulte (1).

Les géologues avaient décrit depuis longtemps un gisement de phosphate de chaux en Estramadure ; il fut visité de nouveau en 1843 par MM. Daubeny et Widrington, qui étudièrent les circonstances dans lesquelles il pourrait être avantageusement exploité.

Dès 1847 (2) M. Nesbit avait recherché, en commun avec M. Morris, si les gisements de phosphate de chaux observés en Angleterre ne se continuaient pas en France ; il en avait découvert de nombreux. Ces recherches, continuées en 1854, furent l'objet d'un brevet exploité plus tard par MM. de Molon et C. Thurneyssen.

MM. Meugy et Delanoue avaient également recherché des gisements de phosphate de chaux, et l'un d'eux, M. Delanoue, exposa, dans la collection des sous-sols de Valenciennes, un certain nombre d'échantillons à notre grand concours de 1855 (3), où M. Baudement, professeur au Conservatoire des Arts et Métiers, les vit et apprécia dès lors cette découverte à sa juste valeur (4).

Toutefois, la possibilité d'exploiter les gîtes reconnus était encore peu certaine, quand MM. de Molon et C. Thurneyssen présentèrent à l'Académie un mémoire fort intéressant sur ce sujet (5), d'où il résultait qu'il existe dans les départements de l'est de la France plusieurs gisements susceptibles d'une facile exploitation.

Au lieu d'être accueillie avec la satisfaction qu'elle semblait mériter, cette communication rencontra une grande méfiance. Toutefois si, dans les discussions

---

(1) DUFRÉNOY, *Traité de Minéralogie*, 2ᵉ édition, tome II ; p. 352. 1856.

(2) Comptes-rendus (1857), tome XLV, p. 1110.

(3) *Catalogue officiel*. PARIS. 1855.

(4) TRESCA, *Visite à l'Exposition universelle*, 1855.

(5) Comptes-rendus (1856), tome XLIII. p. 1178.

à priori qui s'établirent au sein de plusieurs corps savants et dans la presse, les nodules trouvèrent des adversaires, ils eurent aussi des défenseurs. L'illustre secrétaire de l'Académie des sciences, M. Elie de Beaumont, qui rédigeait sur l'emploi des phosphates ce remarquable mémoire auquel nous faisons tant d'emprunts, soutint de l'autorité de sa science les premiers essais tentés avec les nodules, tandis qu'à la Société centrale d'agriculture M. E. Baudement leur apportait le concours de son éloquence persuasive et de son fin bon sens.

Une plus haute sollicitude devait même venir en aide aux efforts des industriels. S. M. l'Empereur voulut bien soutenir efficacement ces utiles tentatives, fortement ébranlées dès leur début par une catastrophe financière.

Plusieurs établissements, notamment à la Villette, à Grand-Pré, dans les Ardennes, aux Islettes, dans la Marne, exploitent les nodules et les livrent actuellement au commerce.

PREMIÈRE PARTIE.

SOURCES OU L'AGRICULTURE PEUT PUISER L'ACIDE PHOSPHORIQUE.

L'agriculture peut puiser l'acide phosphorique dans trois ordres différents de substances :

1° Dans les engrais de ferme, tels que le fumier d'étable, les déjections d'animaux, et dans les engrais commerciaux analogues, poudrettes ou guanos ;

2° Dans les os ou le noir animal ;

3° Dans les phosphates minéraux.

Avant d'établir la richesse en acide phosphorique de chacune de ces catégories de substances, il convient de préciser la marche à suivre pour y doser cet acide phosphorique.

CHAPITRE PREMIER.

MÉTHODES ANALYTIQUES.

Les procédés d'analyse à employer sont différents suivant que les engrais renferment :

1° Des phosphates alcalino-terreux mêlés ou non à des phosphates alcalins ;

2° Des phosphates alcalino-terreux et de l'oxyde de fer ou de l'alumine ;

3° Des phosphates alcalins, alcalino-terreux et de l'oxyde de fer ou de l'alumine.

§ Iᵉʳ. **Analyse des substances renfermant des phosphates alcalino-terreux mêlés ou non à des phosphates alcalins.** — *Os, noir animal.* — On pèse 1 gramme environ de la substance à analyser, calcinée si elle renferme des matières organiques; on dissout dans l'acide chlorhydrique bouillant, on filtre pour séparer les matières insolubles, on verse dans un grand vase à précipité, on ajoute du chlorure de calcium si la chaux n'est pas en excès par rapport à l'acide phosphorique, on étend de beaucoup d'eau et on sature d'ammoniaque, on lave par décantation et, quand les eaux de lavage ne renferment plus de chaux en dissolution, on calcine le précipité avec son filtre dans une capsule de platine placée dans une moufle; on obtient ainsi des résultats assez exacts, ainsi que le montrent les expériences suivantes :

1 gramme de poudre d'os a donné, quand il a été traité par l'acide chlorhydrique puis l'ammoniaque :

Nº 1............ 0,845 de phosphate de chaux
Nº 2.... 0,850   *id.*   *id.*

En saturant la liqueur chlorhydrique d'ammoniaque, puis d'acide acétique, séparant la chaux par l'oxalate d'ammoniaque et l'acide phosphorique à l'état de phosphate ammoniaco-magnésien, la même poudre a donné :

Nº 1. .. . . . 0,613 de phosphate de magnésie.
Nº 2.. 0,620   *id.*   *id.*

correspondant à :

Nº 1. 0,388 d'ac. phosph. et à 0,845 de phosph. de ch. tribasique.
Nº 2 0,392   *id.*   et à 0,853   *id.*   *id.*

Il est évident, d'après cela, que le précipité donné par l'ammoniaque est bien du phosphate de chaux tri-

basique ; c'est ce dont on s'est assuré, au reste, en ana-
lysant un de ces précipités ; on a trouvé :

           Carbonate de chaux..................... 0,720
           Phosphate de magnésie....... 0,540

d'où :

           Chaux........ 0,403
           Acide phosphorique............... .. 0,342

Or, en calculant la quantité de chaux nécessaire
pour former, avec 0,342 d'acide phosphorique, le
composé $PO^5 3CaO$, on tombe précisément sur le
nombre 0,403 de chaux.

§. II. **Analyse des substances renfermant des phosphates alcalino-terreux et de l'oxyde de fer, et pas de phosphates alcalins.** — *(Phosphates minéraux, composts, poudrettes, guanos.)* —

1 gramme de la substance, calcinée si elle renferme
des principes organiques, est dissous dans l'acide
chlorhydrique, filtré, puis additionné de perchlorure
de fer et d'acétate de soude. — Ce mélange, placé dans
un grand matras sur le feu, donne naissance à un précipité très-abondant de phosphate de peroxyde de fer, qui
se mamelonne et se sépare très-nettement de la liqueur
qui s'éclaircit entièrement, si on a ajouté l'acétate de
soude et le perchlorure de fer en quantités convenables. Il est très-important que cette décoloration soit
complète ; si la liqueur restait colorée au moment de la
filtration, on perdrait de l'acide phosphorique.

On jette le précipité sur un grand filtre, on lave à
l'eau bouillante, puis on redissout le précipité dans
l'acide chlorhydrique, on ajoute dans la liqueur de
l'acide tartrique, et, quand il est dissous, un excès

d'ammoniaque ; le sulfate de magnésie détermine dans cette liqueur la précipitation du phosphate ammoniaco-magnésien, qu'on filtre après quarante-huit heures, puis qu'on calcine dans un creuset de platine après l'avoir séparé du filtre préalablement desséché.

Cette méthode, connue depuis longtemps des analystes (1), donne des résultats fort exacts ; pour m'en assurer, j'ai pris la poudre d'os précédente (2), qui renfermait 0,390 d'acide phosphorique, et je l'ai analysée par ce procédé : j'ai trouvé 0 gr. 392 d'acide phosphorique.

Quand on se contente dans des analyses semblables de doser le phosphate de chaux par l'ammoniaque, on tombe sur des résultats fautifs, ainsi qu'il résulte des expériences suivantes faites sur des phosphates fossiles :

On a trouvé dans les précipités obtenus avec 1 gr. de différentes poudres :

	Acide phospho-rique.	Oxyde de fer.	Chaux.	Chaux calculée pour faire avec PO^5 trouvé PO^5 3 CaO.	Différence entre la chaux trouvée et la chaux calculée.
N° 1............	0,199	0,061	0,179	0,179	0
N° 2............	0,176	0,062	0,162	0,158	+ 0,004
N° 3............	0,197	0,056	0,179	0,184	— 0,005
N° 4............	0,227	0,066	0,198	0,204	— 0,004

On voit nettement, d'après ces expériences, que le précipité obtenu, en saturant d'ammoniaque la dissolu-

(1) FRESENIUS, *Précis d'analyse chimique quantitative*. Edit. française du doct. Sacc, 1847, p. 366.

(2) Analyses n° 1 et n° 2, p. 24.

tion chlorhydrique des nodules, est bien du phosphate de chaux tribasique, mais que tout l'oxyde de fer contenu dans les nodules vient s'y ajouter, de telle sorte qu'on pourrait donner un chiffre différent de 6 p. 100 de celui qui est exact, et que cette différence serait entièrement au détriment de l'acheteur.

Si on avait à analyser un engrais renfermant des cendres de Picardie très-riches en oxyde de fer, la différence serait encore plus considérable.

J'ai cherché longtemps un procédé qui permît d'arriver à doser exactement l'acide phosphorique contenu dans les nodules; j'avais espéré que l'acide tartrique, qui empêche souvent l'ammoniaque de précipiter le fer de ses combinaisons, me permettrait de précipiter le phosphate de chaux à l'état de pureté en laissant l'oxyde de fer dans la liqueur, mais les résultats obtenus ont été très-variables; tandis qu'une petite quantité d'acide tartrique ne retenait pas tout le fer en dissolution, une quantité plus considérable empêchait le phosphate de chaux d'être précipité entièrement.

Le procédé que j'ai indiqué plus haut a quelque inconvénient dans les dosages commerciaux : il exige un certain temps, le phosphate ammoniaco-magnésien n'étant bien précipité qu'après trente-six ou quarante-huit heures. Si on était très-pressé, on pourrait agir de la façon suivante :

Précipiter la dissolution chlorhydrique par l'ammoniaque et peser le précipité calciné qui, d'après les analyses précédentes, renferme tout le phosphate de chaux et l'oxyde de fer contenus dans la liqueur.

Si on en pouvait déduire l'oxyde de fer, on aurait

par soustraction le phosphate de chaux pur; or, on peut facilement obtenir cet oxyde de fer en prenant une nouvelle portion de la substance à analyser, la dissolvant dans l'acide chlorhydrique et y ajoutant de l'acétate de soude; l'oxyde de fer se précipite alors sous forme de phosphate blanc jaunâtre pulvérulent, assez facile à laver; ce phosphate a pour formule $3PO^52Fe^2O^3$, et sa composition étant bien définie, on peut facilement conclure du poids du précipité celui de l'oxyde de fer qu'il contient; c'est ce poids qu'il faudra retrancher du poids obtenu dans l'opération précédente.

A l'aide de ces deux opérations simultanées on pourra arriver plus vite que par l'opération unique indiquée par Fresenius.

§ III. Analyse des substances renfermant des phosphates alcalins, alcalino-terreux, et de l'oxyde de fer ou d'aluminium. — Ces substances sont rares parmi les engrais; toutefois, dans le cas où l'on devrait analyser de semblables substances, je crois qu'il conviendrait de dissoudre dans l'eau bouillante les phosphates solubles et de précipiter l'acide phosphorique de cette dissolution, à l'état de phosphate ammoniaco-magnésien, ainsi que cela est indiqué partout; on dissoudrait la matière qui aurait résisté à l'eau bouillante dans l'acide chlorhydrique, on séparerait de cette dissolution l'acide phosphorique à l'état de phosphate de fer à grand excès de base par le chlorure de fer et l'acétate de soude, et on le doserait ensuite à l'état de phosphate de magnésie, comme nous l'avons indiqué plus haut. La présence des phosphates alcalins en quantité considérable empêche les liqueurs de bien se décolorer, quand on veut précipiter tout l'acide phosphorique à l'état de phosphate de fer par l'ébullition avec l'acétate de soude, et c'est pour cette raison qu'il convient de séparer d'abord cet excès de phosphate alcalin.

CHAPITRE II.

RICHESSE DES ENGRAIS EN ACIDE PHOSPHORIQUE.

§ I. **Engrais de ferme.** — Comparer par l'analyse les récoltes obtenues sur une surface aux engrais que cette surface a reçus est une des études les plus intéressantes auxquelles aient pu se livrer les chimistes agronomes. C'est à l'aide de cette méthode qu'on pourra faire de l'agriculture une science établie sur les faits d'observation, et une industrie fondée sur la science.

M. Boussingault s'est livré à des recherches de cette nature avec le plus grand succès ; il a vu que, dans les circonstances où il était placé, les récoltes enlevaient à la terre arable une quantité d'acide phosphorique moindre que celle qui lui arrivait par les fumiers, et que de la sorte, par la culture, le domaine s'enrichissait d'acide phosphorique au lieu de s'appauvrir.

C'est ainsi que dans un assolement de cinq ans, où l'on obtenait la première année des pommes de terre, la seconde et la quatrième du froment, la troisième du trèfle, la cinquième de l'avoine et une demi-récolte de navets, la somme de l'acide phosphorique enlevé était de 82 kil. 8, tandis que les engrais en avaient apporté 98 kil. 0.

Dans une autre culture, celle des topinambours, tandis que les tubercules enlevaient au sol 71 kil. 2 d'acide phosphorique, les fumiers lui en apportaient 91 kil.

Il est évident, cependant, que le domaine, s'il n'est pas très-riche lui-même en acide phosphorique, ce qui est rare, doit forcément s'appauvrir, puisqu'il exporte tous les ans une quantité considérable de cette substance sous formes de céréales et de bétail. Il faut donc, si la fertilité persiste, qu'il importe du dehors de l'acide phosphorique inostensiblement ou, pour ainsi dire, d'une façon cachée.

C'est en effet ce qui arrive à Bechelbronn, dans l'exploitation où M. Boussingault a obtenu les résultats précédents : les prairies sont arrosées par la Sauer, et les eaux en se répandant sur le sol apportent à celui-ci un certain nombre de principes qui passent dans les fourrages et dans les fumiers ; c'est l'eau de l'irrigation qui, en définitive, est l'introducteur des phosphates que l'on exporte ensuite.

En moyenne les cendres du foin de ces prairies renferment 5. 4 p. 100 d'acide phosphorique, et le foin donne 6 p. 100 de cendres ; en admettant pour le rendement moyen annuel des prairies irriguées, 4,000 kilogrammes de foin et regain par hectare, on trouve que d'une semblable surface de terrain il sort 244 kilogrammes de cendres contenant 13 kil. 2 d'acide phosphorique (1).

On voit de quelle importance peut être l'irrigation bien entendue, puisqu'elle dispense le cultivateur d'acheter des engrais artificiels. Sans se trouver dans

(1) BOUSSINGAULT, *Economie rurale*, tome II, p. 340. 1re édit. 1844.

des conditions aussi favorables que celles que nous venons d'indiquer, il arrive quelquefois que les importations peuvent être rares.

Les engrais employés habituellement par la ferme renferment toujours, en effet, de l'acide phosphorique; et, si celui-ci ne se trouve pas soumis à des causes spéciales de déperdition et que le sol en renferme par lui-même une petite quantité, l'exportation peut continuer pendant de longues années sans que l'appauvrissement soit sensible, bien qu'il soit réel; l'acide phosphorique qui se retrouve dans les engrais de ferme n'étant qu'une fraction de celui qui existait dans le sol, qui lui revient avec le fumier, et qui circule de la plante à la terre pour finir par disparaître soit dans l'industrie, soit dans un cimetière, soit en dissolution dans la mer, après avoir été dissous dans l'eau et jeté dans les rivières. Ainsi, toute exploitation agricole qui ne possédera pas de prairies irriguées et qui n'importera pas d'engrais du dehors, devra tôt ou tard arriver à une disette de phosphates qui se fera sentir par la diminution des récoltes.

On peut voir en effet, dans le tableau suivant, que l'acide phosphorique n'est répandu qu'en faible proportion dans les fumiers, et qu'il faut, par exemple, 476 kilogrammes de fumier de Bechelbronn pour fournir au sol 1 kilogramme d'acide phosphorique. Parmi les tourteaux, celui de colza est le plus riche; il renferme à l'état sec 4.34 d'acide phosphorique pour 100; et de plus, sa quantité d'eau étant très-faible, on peut le considérer comme un engrais de première qualité.

Parmi les engrais animaux les excréments de pigeon sont aussi très-riches en acide phosphorique.

Tableau Nº 1.

Richesse en acide phosphorique de différents engrais.

(Fumiers, poudrettes, composts, guanos.)

DÉSIGNATION DES ENGRAIS.	EAU.	Acide phosphorique dans 100 de matière sèche.	OBSERVATIONS.	ANALYSTES.
Fumier de ferme..	79,0	1,00	Bechelbronn........	Boussingault.
Idem..........	65,0	2,25	Angleterre........	Id.
Fumier du jardin des Plantes......	58,5	1,21	Paris.......	Id.
Fumier de Grignon.	70,5	2,00	....	Id.
Fumier de ménagerie...	66,8	0,78	Prov. de div. anim.	Id.
Fumier moyen....	66,7	1,45	Moy. des fum. préc.	Id.
Tourteau de colza.	10,5	4,34	....	Id.
Tourteau de chènevis........	5,0	1,08	....	Id.
Tourteau de faînes.	6,2	1,16	....	Id.
Tourteau de noix..	6,0	1,48	....	Id.
Excréments de vache	85,9	0,74	....	Id.
Urine de vache....	88,3	0,00	....	Id.
Idem..........	92,1	0,00	....	Id.
Déjections de vache	84,3	0,55	Excrém. et urine..	Id.
Excréments de cheval....	75,3	1,22	....	Id.
Urine de cheval...	79,2	0,00	Urine épaisse......	Id.
Idem..........	91,0	0,00	....	Id
Déjections de cheval.........	75,4	1,22	Excrém. et urine..	Id.
Excréments de porc	84,0	3,87	....	Id.
Urine de porc.....	97,9	2.09	.. ..	Id.
Déjections de porc.	93,8	3,44	Excrém. et urine..	Id.
Excréments de mouton............	57,6	1,52	....	Id.
Urine de mouton..	86,5	0,03	....	Id.
Déjections de mouton	67,1	1,32	....	Id.
Excréments de pigeon...........	61,8	5,88	....	Id.
Excréments d'homme..........	73,3	0,82	....	Id.

§ II. **Engrais commerciaux.** — Les engrais que le commerce met à la disposition de l'agriculture renferment également, à l'exception du guano, de faibles quantités d'acide phosphorique, ainsi qu'on peut le voir dans le tableau ci-après :

TABLEAU Nº 2.

Richesse en acide phosphorique de différents engrais.

(Fumiers, poudrettes, composts, guanos.)

DÉSIGNATION DES ENGRAIS.	EAU.	Acide phosphorique dans 100 de matière sèche.	OBSERVATIONS.	ANALYSTES.
Poudrette de Bercy, de 1847	13,6	2,55	....	Soubeiran.
Poudrette de Montfaucon	41,4	1,08	A l'état où elle est livrée.	Id.
Poudrette de Moussaux, 1847	28,0	4,80	Séchée à l'air	Id.
Sang liquide	81,0	0,63	Des abattoirs	Boussingault.
Sang sec soluble	21,4	1.68	Tel qu'on l'expédie	Id.
Résidus d'abattoir	44,1	ʻ2,5	Paris	Deherain.
Gadoue solidifiée	13,5	2,1	*Id.*	Id.
Idem.	10,0	3,8	*Id.*	Id.
Engr. Lemarchand (compost)	13,5	2,8	*Id*	Id
Engr. Lemarchand	15,2	4,9	*Id*	Id.
Guano du Pérou	25,6	20,00	....	Denh. Smith.
Idem	25,7	22,00	....	Id.
Idem	25,4	17,00	....	Id.
Guano d'Afrique	25,0	17,00	....	Kasten.
Guano du Pérou	13,1	11,0	....	Way.
— d'Echaboë	17,4	13,9	....	Id.
— de Patagonie	25,1	20,4	....	Id
— de Saldanha	22,2	14,8	....	Id.
Coquilles d'huîtres	17,9	0,66	....	Boussingault.

Les poudrettes ne donnent guère que de 1 à 2 p. 100 d'acide phosphorique, à peu près les mêmes quantités que le fumier de ferme; dans quelques-uns de ces engrais, toutefois, la proportion augmente considérablement; ainsi un échantillon d'un engrais obtenu en solidifiant à l'aide du plâtre les matières des fosses de Paris renferme près de 4 p. 100 d'acide phosphorique, et un engrais vendu sous le nom de poudrette concentrée en renferme jusqu'à près de 5 p. 100.

Quant au guano, il en contient une proportion extrêmement considérable; comme de plus il est très-riche en azote, il constitue un engrais tellement puissant qu'on peut l'importer de très-grandes distances. On sait, en effet, que c'est surtout dans les îlots de la mer du Sud, sur les côtes du Pérou, que se sont accumulées, pendant des espaces de temps dont l'imagination se refuse à faire le calcul, les déjections des légions d'oiseaux de mer qui couvrent encore ces parages.

§ III. Engrais phosphatés, proprement dits os, noir animal.— L'agriculture peut encore trouver dans le commerce d'autres engrais riches en acide phosphorique; les os frais ou calcinés peuvent rendre au sol une partie des substances minérales que la vie animale lui avait empruntées.

La cendre d'os se place au premier rang puisqu'elle renferme 38, 8 à 39. 2 p. 100 d'acide phosphorique. Tout cet acide peut être supposé à l'état de phosphate de chaux, ce qui donne alors une proportion de 85 à 86 p. 100 de phosphate. Les os frais sont moins riches; ils renferment une proportion de phosphate qui varie de 57 à 63 p. 100.

Les fragments d'os provenant des fabriques où l'on travaille cette matière sont les produits qu'on livre habituellement à l'agriculture ; toutefois elle emploie aussi très-fréquemment le noir animal, c'est-à-dire le produit de la calcination des os en vase clos. Le charbon mélangé au phosphate et au carbonate de chaux, qu'on obtient ainsi, est doué de remarquables propriétés décolorantes qui le font employer dans les raffineries ; c'est généralement après qu'il a servi à cet usage qu'il arrive à l'agriculture. Il présente alors des richesses variables, ainsi qu'on peut le voir dans le tableau suivant :

TABLEAU Nº 3.

Richesse en acide phosphorique des engrais phosphatés proprement dits.

(Os, noir animal.)

DÉSIGNATION DES ENGRAIS.	EAU.	Acide phosphorique dans 100 de matière sèche.	Phosph. de chaux dans 100 de matière sèche.	OBSERVATIONS.		ANALYSTES.
Os frais	......	21,1	46	....		Way.
Os bouillis	10	30,2	66	....		*Id.*
Cendres d'os	......	39,0	84,5	....		Deherain.
Noir fin neuf	......	34,6	73,1	Azote p. 100	1,12	Moridde et Bobierre.
— ayant servi une fois.	......	30,6	66,6	*Id.*	1,95	*Id.*
Noir fin neuf	......	33,1	72,2	*Id.*	1,22	*Id.*
— ayant servi une fois.	......	24,7	53,7	*Id.*	2,83	*Id.*
— ayant servi deux fois	......	21,1	46,0	*Id.*	3,59	*Id.*
Noir fin neuf	......	34,7	75,6	*Id.*	1,61	*Id.*
— une fois	......	23,1	52,6	*Id.*	2,54	*Id.*
— deux fois	......	19,7	47,3	*Id.*	3,18	*Id.*
Noir de raffinerie	0,86	27,5	61,3	....		Deherain.

§ IV. **Phosphates minéraux.** — Les tableaux précédents montrent que, si les os et les guanos sont riches en acide phosphorique, les autres engrais en renferment assez peu pour que la découverte d'abondants gisements de phosphates ait été un véritable service rendu à l'agriculture.

On trouve là une fois de plus combien la science, que les agriculteurs sont parfois portés à dédaigner, peut cependant leur être utile. Quand M. Berthier fit l'analyse des nodules qu'il avait trouvés au cap la Hève, on put croire que c'était là un pur renseignement géologique ; cinquante ans après, cependant, une grande industrie naît en Angleterre et en France, en prenant pour point de départ cette simple donnée de la science. Il faut souvent bien des années avant qu'une découverte passe de l'ordre des données scientifiques dans celui des faits pratiques.

Jusqu'à présent nous n'avons vu employer par l'agriculture que l'acide phosphorique existant primitivement dans le sol, celui que lui apportent les irrigations, et enfin celui qui a déjà circulé dans la nature organisée et qui retourne au sol par les engrais ou les os ; dans ces deux derniers cas, c'est simplement une restitution faite à la terre arable, quand au contraire on apporte au sol des phosphates minéraux, le gain qu'il fait augmente sa richesse générale.

1. *Gisements géologiques.* — Le phosphate de chaux, qu'on trouve de plus en plus abondant sur le globe à mesure qu'on le recherche plus activement, paraît se présenter sous deux formes principales.

On le désigne sous le nom d'*apatite* lorsqu'il est cristallisé et combiné à du fluorure de calcium ;

On le distingue sous le nom de *nodules* quand il forme des rognons disséminés dans les terrains calcaires.

On rencontre encore le phosphate de chaux dans des cavernes remplies de débris d'ossements ; mais, dans ce cas, il a une origine purement organique et provient, en définitive, d'une des sources précédentes.

Enfin, quelques échantillons de chaux phosphatée présentent un ensemble de caractères extérieurs qui les font considérer comme des *coprolithes,* c'est-à-dire comme les excréments de grands sauriens et poissons d'une époque précédente. On avait d'abord considéré tous les nodules comme ayant la même origine et on les a désignés d'abord sous le nom de coprolithes, puis sous celui de fausses coprolithes.

« L'*apatite* appartient aux terrains les plus anciens et aux terrains volcaniques : au lac de Laach, sur les bords du Rhin ; à Albano, près de Rome, elle est disséminée dans les roches volcaniques ; c'est dans un gisement analogue que se trouve la chaux phosphatée du cap de Gate, en Espagne. Ces derniers gisements, connus depuis longtemps, rendent moins surprenante la découverte que M. Charles Deville en a faite dans les bases où cependant elle n'avait pas encore été signalée.

« L'apatite se trouve en petits filons dans le granite ; elle accompagne les minerais d'étain dans les Cornouailles, la Bohême et la Saxe ; elle forme des rognons dans le schiste talqueux du Zillerthal (Tyrol) ; au Saint-Gothard, elle accompagne l'albite ; les cristaux transparents d'Ala sont dans le schiste chloriteux ; elle existe dans les filons de fer oxydulé d'Arendal en Norwége, associée avec de l'amphibole, du grenat, du pyroxène et de l'épidote (1). »

« Nous avons déjà mentionné la couche ou filon couche de chaux phosphatée qui existe en Espagne, dans l'Estramadure, au milieu des schistes anciens. L'importance de ce gisement avait été, dans l'origine, singulièrement exagérée. D'après les observations que M. Le Play a faites sur les lieux, en 1833, les montagnes de chaux phosphatée qui ont été indiquées aux environs de Logrosan n'ont aucune existence réelle. Les récits fabuleux qui ont été faits de l'abondance de ce minéral dans l'Estramadure ont uniquement pour base quelques petits filons de quartz et de chaux phosphatée compacte et testacée, qui se rencontrent en plusieurs points de cette formation (des schistes de transition), notamment aux portes de Logrosan, sur le chemin de Guadalupe (2). Ce passage du savant ouvrage de M. Le Play peut servir à prouver que de très-minces gisements de phosphate de chaux méritent d'être remarqués et signalés. Les petits filons que M. Le Play a observés, en 1833, près de Logrosan s'amplifient dans l'un des points de la contrée, de manière à devenir, non pas des montagnes, comme on l'avait dit à tort anciennement, mais la couche ou filon couche, que MM. Daubeny et

(1) DUFRENOY, *Traité de Minéralogie,* 2e édition, tome II, p. 391-400.

(2) F. LE PLAY, *Observations sur l'histoire naturelle et sur la richesse minérale de l'Espagne,* p. 28; et *Ann. des mines,* 3e série, tome V, p. 195. 1834.

Widrington ont retrouvé en 1843, et qui serait très-susceptible d'une exploitation utile (1). »

La chaux phosphatée cristallisée renferme toujours une certaine quantité de fluorure ou de chlorure de calcium ; elle est en général assez claire, les cristaux sont quelquefois hyalins. Elle ne paraît pas être assez abondante pour pouvoir être jamais exploitée.

La *chaux phosphatée terreuse* se présente sous forme de rognons plus ou moins arrondis, variant de la grosseur d'un œuf de poule à celle d'une noisette ; gris verdâtres à la surface, ils sont, à l'intérieur, d'un noir veiné de rouge ; ils sont friables, leur densité varie de 2.5 à 2.9.

Signalés en France depuis de longues années, les nodules existent aussi en Angleterre dans plusieurs localités, ainsi que nous l'avons vu précédemment. Dans les comtés de Norfolk et de Suffolk, ils sont, depuis dix ans, l'objet d'une exploitation régulière.

En France, l'exploitation du phosphate de chaux fossile est beaucoup plus récente, elle date à peine de deux ans. Il est remarquable que, dans cette question comme dans beaucoup d'autres, les savants français aient signalé la marche que les industriels anglais ont suivie rapidement, tandis qu'en France l'idée première est restée longtemps stérile et n'a pu avoir de conséquence industrielle qu'après avoir reçu la sanction de la pratique anglaise.

Le gisement géologique des nodules de phosphate de chaux est actuellement très-bien déterminé.

______

(1) Elie DE BEAUMONT. — *Gisements géologiques du phosphore*.

« L'inspection de la carte géologique de la France
montre que le terrain de calcaire jurassique forme autour de Paris une ceinture qui l'enveloppe presque de
toutes parts. Au nord-ouest, il constitue les côtes ro-
cheuses du Calvados et se dirige ensuite par une ligne
sinueuse, mais presque nord-sud, de l'embouchure de
la Seine vers Poitiers. Près de cette ville le calcaire
jurassique se courbe fortement vers le nord-sud, en suivant la limite des granites du Limousin et de la Bour-
gogne. Au-delà de Chaumont, cette formation éprouve
une nouvelle inflexion et elle se dirige au nord-sud par
une courbure vers Mézières, en passant successivement
par Commercy, Verdun et Montmédy. Le terrain du
calcaire jurassique cesse près d'Hirson ; il y est caché
par les terrains crétacés et par les terrains tertiaires
qui prennent de l'extension ; on le voit de nouveau
dans le Boulonnais recouvrir un espace considérable
dans la place même où il existerait, si l'enceinte jurassique n'avait pas été interrompue un instant (1). »

Le terrain crétacé inférieur repose presque partout
sur le terrain jurassique et vient affleurer à son pourtour ; sur une épaisseur plus ou moins grande, il est re-
couvert lui-même par le terrain crétacé supérieur. C'est
aux points où apparaît le terrain crétacé inférieur, for-
mant la première couche calcaire sur le terrain jurassique, que se rencontrent les sables verts qui renferment les nodules de phosphate de chaux.

En cherchant sur une carte géologique les localités

______

(1) *Explication de la Carte géologique de France,* par MM. Du-
FRENOY et Elie DE BEAUMONT, tome II, p. 140.

que nous allons signaler comme étant riches en nodules, on les trouvera toujours à la limite du terrain
jurassique et des grès verts du terrain crétacé.

« Ainsi, en commençant au bord de la mer, on
trouve des nodules au cap de la Hève et sur toute la
falaise du Havre à Fécamp (Seine-Inférieure), puis, en
se dirigeant au nord-est, dans tout le pourtour du Bray,
Saint-Sulpice, Oniard, Saint-Martin-le-Nœud, Tuilerie
de Trepié, la falaise de Wissant, et tout le pourtour du
mamelon jurassique du Boulonnais, Leubringhem,
moulin de Pernaulle, environs d'Hardinghem et de
Piennes, glaisières des tuileries de Colembert, glaisières des tuileries de Brunnembert (Somme et Pas-de-
Calais). — Dans le département du Nord, c'est aux environs d'Anappes et de Lezennes que se rencontrent
les nodules. A Grand-Pré, à Marcq, à Apremont, dans
les Ardennes, on rencontre les nodules à fleur de terre;
on peut les ramasser sur le sol, dans les champs où ils
se trouvent disséminés; on peut encore exploiter un
gîte abondant qui se trouve presqu'à la surface du sol,
à une profondeur qui ne dépasse pas un mètre.

« C'est encore sur le terrain de grès vert que se trouvent, dans la Meuse, les gisements des Islettes, de Cler-
mont en Argonne, de Froidos, de Brizeaux, de Triau-
court, de Revigny; enfin de Sermaize dans la Marne (1). »

L'abondance avec laquelle s'est rencontré le phosphate de chaux en nodules quand on l'a recherché,
fait penser que la France se trouve dorénavant à l'abri

____

(1) DE MOLON et THURNEYSSEN. *Comptes-rendus*, tome XLIII,
p. 1178. 1856.

d'une disette de cette substance dont l'importance s'accroît à mesure qu'on l'étudie davantage.

Les gisements de l'Est suffiront pendant de longues années à tous les besoins de l'exploitation ; mais, s'ils venaient à s'épuiser, il est possible qu'on trouvât dans l'Ouest, et plus près des lieux de consommation, une nouvelle source d'acide phosphorique, puisque, ainsi que nous l'avons vu, le terrain crétacé inférieur apparaît sur tout le pourtour du bassin parisien.

Il est probable, de plus, que des recherches suivies feraient reconnaître la présence de nodules dans le sud de la France, aux points où le terrain crétacé inférieur se montre au jour dans le voisinage du terrain jurassique.

2. *Composition des nodules.* — La quantité d'acide phosphorique qui se trouve dans les nodules varie beaucoup suivant les gisements, mais paraît assez constante pour une même localité. Il est très-difficile, pour ne pas dire impossible, de reconnaître *à priori* la richesse des nodules ; il m'a semblé, toutefois, qu'en général les nodules noirs à l'intérieur étaient plus riches que ceux dont la cassure était plus claire.

D'après M. Rivot les nodules de Lille auraient la composition suivante :

Eau et acide carbonique	30,0
Argile	1,5
Chaux	50,0
Acide phosphorique	18,0
Oxydes de fer	Traces
Perte	0,5
	100,0

Ce qui correspond à :

Phosphate de chaux................	38,7
Carbonate de chaux...	52,3
Argile..................	1,5
Oxyde de fer..	Traces
Eau et perte.................... ...	7,5

J'ai moi-même analysé complétement un assez grand nombre de nodules ; je ne citerai comme exemple que quelques-uns des résultats que j'ai obtenus.

	ISLETTES.	ARDENNES.
Silice et argile.. ...	33,4	26,4
Acide phosphorique	20,8	21,3
Chaux...	22,5	30,8
Magnésie..........	3,0	1,7
Oxyde de fer.......	3,8	10,0
Eau............. ..	1,0	1,0
Acide carb. et perte.	15,5	5,8
	100,0	100,0

Je n'ai pas cru devoir calculer ces éléments à l'état de phosphate de chaux, de fer, ou de magnésie et de carbonate de chaux ou de magnésie, dans l'impossibilité où je me suis trouvé de savoir comment ces éléments étaient distribués ; dans les essais commerciaux, on est cependant obligé de faire ce calcul à cause de l'habitude qu'ont les agriculteurs d'acheter des noirs d'os dans lesquels presque tout l'acide phosphorique se trouve à l'état de phosphate de chaux ; on suppose alors tout l'acide phosphorique à l'état de phosphate de chaux.

Il est facile de voir, dans l'analyse des nodules des Islettes, que tout l'acide phosphorique ne peut pas être à l'état de phosphate de chaux. En effet, la quantité de chaux est insuffisante pour saturer tout cet acide, et de plus elle doit être en partie à l'état de carbonate, car cette poudre fait effervescence avec les acides. Cette remarque est importante, parce qu'elle indique dans les nodules une partie de l'acide phosphorique à l'état de phosphate de fer, ce qui, comme nous le verrons, permet d'expliquer un certain nombre de faits observés dans l'emploi de ces nodules.

Richesse en acide phosphorique et en phosphate de chaux des phosphates minéraux.

DÉSIGNATION DES LOCALITÉS où ont été pris les échantillons.	Acide phosphorique dans 100 parties.	Phosphate de chaux PO⁵ 3CaO dans 100 part.	Phosphate de chaux PO⁵ 3CaO dans 100 de matière sèche.	ANALYSTES.
Logrosan (Estram. Esp.)	...	81,5	....	Daubeny et Widrington.
Wissant (Pas-de-Calais)	..	57,1	....	Berthier.
La Hève, près le Havre (S.-Inf.)	...	57,3	....	*Id.*
Shanklin.............	....	32,0	...	Nesbit.
Farnham.............	....	60,6	....	*Id.*
Lille (Nord).........	....	32,34	....	Delanoue.
Idem.............	18,0	38,7	...	Rivot.
Bouvines (Nord)......	3,70	8,00	....	Meugy.
Grand - Pré (Ardennes). nº 1....	20,9	45,5	47,9	Deherain.
Grand - Pré (Ardennes). nº 2....	20.9	45,5	47,9	*Id.*
Grand - Pré (Ardennes). nº 3....	20,0	43,1	45,5	*Id.*
Grand - Pré (Ardennes). nº 4....	19,9	43,1	45,5	*Id.*
Islettes. nº 1....	20,2	44,1	45,9	*Id.*
Islettes. nº 2....	19,5	42,6	43,6	*Id.*
Anderney. nº 1....	13,3	28,9	29,9	*Id.*
Anderney. nº 2....	13,3	28,9	29,9	*Id.*
Sermaize (Marne). nº 1....	14,5	31,0	32,3	*Id.*
Sermaize (Marne). nº 2....	13,9	33,0	34,4	*Id.*
Froidos. nº 1....	16,4	35,8	36,9	*Id.*
Froidos. nº 2....	16,1	35,2	36,7	*Id.*

Suite de la *Richesse en acide phosphorique et en phosphate de chaux des phosphates minéraux.*

DÉSIGNATION DES LOCALITÉS où ont été pris les échantillons.		Acide phosphorique dans 100 parties	Phosphate de chaux $PO^5\,3CaO$ dans 100 part.	Phosphate de chaux $PO^5\,3CaO$ dans 100 de matière sèche	ANALYSTES.
Lavoye.	n° 1....	13,8	30,0	31,2	Deberain.
	n° 2....	14,4	31,4	32,7	*Id.*
Mognéville (Meuse).	n° 1....	28,5	62,1	64,0	*Id.*
	n° 2....	29,6	63,7	65,5	*Id.*
	n° 3....	18,0	39,2	42,1	*Id.*
	n° 4....	18,2	40,3	43,1	*Id.*
Arcy-Fay...	n° 1....	16,4	35,8	37,6	*Id.*
	n° 2 ...	17,5	37,9	39,8	*Id.*
Leniont....	n° 1....	18,4	39,7	41,5	*Id.*
	n° 2....	18,4	39,7	41.5	*Id.*
Lagrange...	n° 1....	15,9	34,5	36,2	*Id.*
	n° 2....	15,5	33,8	35,4	*Id.*
Brizeaux...	n° 1....	24,2	52,7	54,1	*Id.*
	n° 2....	25,2	54,8	56,2	*Id.*
Moyne des anal. préc. .		18,7	40,4	41,4	

Ainsi que nous l'avons dit plus haut, c'est simplement pour nous conformer à l'usage que nous avons calculé l'acide phosphorique à l'état de phosphate de chaux ; mais nous sommes loin d'affirmer que dans les nodules analysés cet acide se trouvât en effet sous cette forme.

On voit que le gisement qui fournit les nodules les plus riches est celui de Mognéville ; mais on voit en même temps que ce gisement n'est pas constant dans sa richesse puisque des échantillons de la même localité n'ont donné que 40 p. 100 de phosphate de chaux, tandis que d'autres en accusent 62 à 68 p. 100. J'ajouterai, de plus, que le gisement n'est pas très-abondant; je me suis rendu moi-même à Mognéville afin d'y prendre des échantillons, et, d'après les renseignements que j'y ai recueillis, je crois que les nodules qui ont donné 62 et 63 p. 100 de phosphate de chaux ne proviennent pas exactement de cette localité, mais de quelque autre voisine, qu'on retrouverait sans doute si des recherches un peu suivies étaient dirigées dans ce sens.

Brizeaux est la localité qui occupe le second rang pour la richesse de ses échantillons; puis viennent Grand-Pré et les Islettes, dont les gisements sont exploités.

La moyenne des nombreuses analyses précédentes donne, pour les nodules, une richesse de 40 p. 100, et c'est en effet ce qu'on trouve très-habituellement dans le commerce; c'est aussi la moyenne de très-nombreux dosages commerciaux inscrits sur mes registres d'analyse, et que je n'ai pas reproduits ici parce que les localités dont ils proviennent ne sont pas désignées.

Toutes les analyses citées précédemment ont été faites par le procédé indiqué p. 28.

3. *Origine des nodules de phosphate de chaux.* — Nous avons vu que les masses arrondies renfermant du phosphate de chaux avaient été, d'après les différences d'aspect qu'elles présentent, divisées en plusieurs catégories : les unes proviennent évidemment de

débris organiques dont elles conservent encore la forme plus ou moins altérée par les frottements ; les autres, au contraire, de beaucoup les plus abondantes, n'ont plus aucun caractère organisé, et tous les géologues ont cessé de leur attribuer une origine animale ; de là le nom de fausses coprolithes et celui de nodules, sous lesquels on désigne actuellement ces rognons.

Arrivées à ce point, les opinions commencent à diverger. Quelques savants, M. Buckland, entre autres, pensent que les nodules proviennent du métamorphisme de cailloux calcaires longtemps en contact avec des eaux très-chargées de phosphate de chaux enlevé par elles aux *débris organiques* de toutes sortes qu'elles roulaient dans leur sein (1).

La chaux possédant une plus grande affinité pour l'acide phosphorique qu'elle n'en a pour l'acide carbonique, une sorte d'échange d'éléments ou de métamorphisme entre le carbonate et le phosphate de chaux eut lieu, et c'est ainsi que les phosphorites furent formés dans les assises de la craie. « Les nodules, ayant été imbibés de matière phosphatée, écrit le docteur Buckland, furent délogés de leur gisement dans la craie de Londres par les eaux de la mer de cette période primitive, et accumulés par myriades au fond de ses rivages, qui sont maintenant la côte du Norfolk. »

M. Herapath soutient cette opinion du docteur Buckland ; l'imprégnation de phosphate ayant eu lieu de l'extérieur à l'intérieur des cailloux calcaires, il en

(1) *Voir* un très-bon mémoire de sir THORNTON J. HERAPATH, *Journal of the royal agricultural Society of England*, t. XII, Ire partie, p. 91. 1851.

conclut *à priori* qu'en général la partie extérieure doit être plus riche en phosphate que la partie interne, et il appuie son opinion sur les analyses suivantes :

Echantillon n° 1.

	PARTIE EXTÉR.	PARTIE INTÉR.
Fluor. decalc.	1,105 %	0,611
Acide phosph.	40,019	34,015

Echantillon n° 2.

	PARTIE EXTÉR.	PARTIE INTÉR.
Fluor. de calc.	3,996	1,961
Acide phosph.	32,043	21,046

M. Bobierre, qui a fait une étude approfondie de toutes les questions qui se rattachent à l'emploi agricole des phosphates, n'a pas constaté les mêmes faits : il a trouvé en phosphate de chaux, dans trois échantillons, les nombres suivants :

	SURFACE.	CENTRE.
A....................	43,0	47,5
B....................	37,5	44,0
C	44,0	43,0 (1)

La question reste donc indécise ; mais, quoi qu'il en soit, la présence presque constante du fluorure de calcium dans les échantillons anglais, même dans ceux qui ont été trouvés mêlés aux véritables coprolithes, tout en me laissant dans le doute sur le métamorphisme indiqué par M. Buckland, ne me permet pas de croire que ce phosphate de chaux soit d'origine animale.

La présence du fluorure de calcium, beaucoup plus abondant dans les nodules que dans les ossements fos-

(1) *Etudes chimiques sur le phosphate de chaux*, p. 100. 1859.

siles, fait naturellement penser à l'apatite, qui en renferme toujours. En Angleterre, on trouve 2, 3, 4 p. 100 de fluorure de calcium dans les nodules : or, les os ne renferment jamais que des traces de fluorure de calcium, ainsi que l'a démontré récemment M. Frémy (1).

Il est vrai qu'en France les nodules ne renferment pas de fluorure de calcium, ou du moins n'en renferment que des quantités très-faibles; mais, si l'on veut que leur phosphate de chaux provienne de débris d'ossements, il faudra rechercher où ces ossements ont pu trouver du phosphate de chaux, et en définitive il faudra toujours qu'à une époque plus ou moins ancienne les eaux extrêmement chargées d'acide carbonique qui ont formé nos mers calcaires aient dissous le phosphate de chaux de l'apatite pour l'amener dans le sol où les végétaux ont pu l'assimiler; ces végétaux auraient nourri les animaux, dont les ossements, dissous dans l'eau chargée d'acide carbonique, auraient enfin donné ce phosphate de chaux aux cailloux calcaires.

Il me paraît aussi simple d'admettre que les nodules ont été produits au moment de la précipitation des masses calcaires dans lesquelles on les rencontre, par suite d'une modification dans les conditions de solubilité; la chaux phosphatée peut très-probablement se réunir sous forme arrondie, surtout quand elle rencontre un premier centre autour duquel elle peut se grouper; or, il n'est pas rare de rencontrer des nodules renfermant au centre un noyau de silex.

En définitive, on voit qu'aujourd'hui tout le monde

(1) *Annales de chimie et de physique*, t. XLIII, p. 65. 1855.

admet que le phosphate de chaux des nodules s'est groupé sous forme de rognons, sous l'influence de forces purement physiques; mais les uns pensent que ce phosphate a déjà circulé dans l'économie animale, tandis que d'autres supposent qu'arraché des filons d'apatite par des eaux douées d'un grand pouvoir dissolvant, il a pris la forme solide, lorsque les conditions de solubilité des eaux ont changé.

DEUXIÈME PARTIE.

DE L'ASSIMILATION DE L'ACIDE PHOSPHORIQUE PAR LES PLANTES.

CHAPITRE PREMIER.

DES AGENTS CHIMIQUES DU SOL.

Le sable quartzeux, l'argile, la craie, mélangés en proportions variables, constituent le sol arable, servent de soutien aux plantes, et sont plus ou moins favorables à leur développement, suivant que leur association présente certaines conditions de conductibilité pour la chaleur, de perméabilité à l'eau et à l'air.

Outre ces matériaux constitutifs, désignés quelquefois sous le nom de principes physiques du sol, celui-ci renferme d'autres substances en quantités très-faibles, par rapport aux précédentes :

Les acides qui naissent de la décomposition des plantes et de l'oxydation de leurs tissus;

Les carbonates alcalins qui proviennent des roches cristallisées ou des argiles, le carbonate de chaux si abondamment répandu;

Les oxydes de fer et d'aluminium;

Les sels ammoniacaux produits par la putréfaction des matières azotées;

Les sulfates, les chlorures, les azotates alcalins sont, par opposition aux substances précédentes, ce qu'on pourrait appeler les agents chimiques du sol, agents qui peuvent agir les uns sur les autres ou sur les engrais.

Ces actions sont de la plus haute importance pour l'agriculture et entrent pour une fraction notable dans l'ensemble des conditions très-complexes qui amènent la fertilité.

Pour apprécier à quelles réactions le phosphate de chaux, introduit comme engrais, sera soumis dans le sol, avant de chercher à déterminer les formes sous lesquelles l'acide phosphorique sera absorbé par les plantes, il convient d'examiner quelles sont les substances qui peuvent réagir sur lui.

§ 1er. **Acide carbonique.** — Depuis les nombreux travaux qui démontrent que des matières organiques exposées à l'action de l'air humide se brûlent lentement et produisent de l'acide carbonique, on avait admis la présence de cet acide dans le sol (1); mais on n'en

____

(1) Th. DE SAUSSURE, *Recherches chimiques sur la végétation*, p. 155. 1804.

n'avait pas apprécié la quantité avant les beaux travaux de MM. Boussingault et Lewy.

Ces deux savants ont recherché l'acide carbonique dans l'atmosphère confinée de vingt-deux couches de terre arable ; ils ont dans toutes constaté, à l'aide d'un appareil précis, des quantités notables d'acide carbonique.

Il ressort de leurs recherches « que l'air enfermé dans 1 hectare de terre arable fumée depuis près d'une année contient autant d'acide carbonique qu'il s'en trouve dans 18,000 mètres cubes d'air atmosphérique, et que, dans l'air de 1 hectare de terre arable récemment fumée, l'acide carbonique, dans certaines circonstances, représente celui qui est contenu dans 200,000 mètres cubes d'air normal. »

Dans 100 parties d'air confiné, l'acide carbonique entrait, en général, pour 1. 5 ; mais sa quantité pouvait atteindre 14. 13 p. 100 et descendre jusqu'à 0. 38 (1).

§ II. **Acide acétique.** — Le bois soumis à l'action du feu dégage, en même temps que plusieurs produits moins importants, de l'acide acétique ; le bois en s'altérant sous l'influence de l'air et de l'eau peut-il aussi à froid donner naissance à cet acide, qui donnerait aux terres de bruyère la réaction qui les caractérise depuis longtemps ?

C'est ce que j'ai pu montrer facilement, en plaçant dans une cornue de grande dimension disposée dans

(1) Boussingault, *Mémoires de chimie agricole et de physiologie*, p. 369. 1854.

un bain d'huile plusieurs kilogrammes de terre humide, et en recueillant l'eau qui passait à la distillation.

La température du bain ne dépassant pas 150°, on peut être certain que l'acide acétique, si on en recueille, ne proviendra pas d'une décomposition ignée du bois, décomposition qu'accompagneraient au reste des fumées à odeur empyreumatique, signes d'une trop grande élévation de température.

L'eau qu'on recueille est franchement acide ; elle ne précipite pas par l'eau de chaux ; ce n'est donc pas de l'acide carbonique qu'elle renferme. Or, celui-ci et l'acide acétique étant les deux seuls qui puissent naître par l'acidification du bois, on en doit conclure la présence de l'acide acétique. D'ailleurs, en saturant par de la soude l'eau de lavage et en laissant le liquide rapproché par évaporation se dessécher sur une lame de verre, on peut, au microscope, reconnaître la cristallisation de l'acétate de soude.

Il est impossible de dessécher entièrement par ce moyen la terre qu'on a placée dans la cornue, une quantité considérable de vapeurs d'eau se condensant sur les parois et retombant dans la masse ; malgré cet inconvénient, on peut doser très-approximativement la quantité d'acide acétique qui existe dans la terre étudiée.

En effet, quand on distille un mélange d'acide acétique et d'eau, on peut s'assurer qu'il passe dans chaque portion de la liqueur sensiblement la même quantité d'acide acétique ; si donc on prend une partie de la terre de bruyère et qu'on la dessèche complétement à l'étuve, on saura, par la diminution de poids, le volume d'eau qu'aurait donné sa dessiccation complète ; si on a mesuré la quantité d'eau recueillie par distillation dans le récipient, on sait quelle fraction de la masse totale elle représente; il ne reste plus qu'à doser l'acide acétique contenu dans celle-ci, à l'aide de liqueurs titrées convenablement étendues, pour en conclure celui qui existait dans la masse entière.

On a trouvé ainsi que 1 kilogramme d'une terre de bruyère provenant du domaine du Mesnil, près Bracieux (Sologne, Loir-et-Cher), contenait 0 gr. 0179 d'acide acétique.

§ III. **Silice.** — La silice, qui est une des substances les plus répandues sur la surface du globe, y affecte les formes les plus variées. Elle est cristallisée, transparente, dure, complétement insoluble, c'est le quartz; elle se colore, devient opaque, c'est le jaspe, le silex, la meulière, etc. Si elle est séparée des combinaisons qu'elle forme avec les bases, la silice peut encore être douée de propriétés différentes suivant les circonstances dans lesquelles a eu lieu cette séparation; si la température est élevée, si elle reçoit l'impression du feu, la silice devient insoluble, tandis que si la séparation a lieu à froid, la silice reste sensiblement soluble dans l'eau, surtout si celle-ci est chargée de quelque acide.

§ IV. **Silicates.** — Les silicates cristallisés forment la croûte solide du globe sur laquelle reposent les terrains de sédiment; malgré leur compacité, les silicates sont attaquables à la longue par les agents atmosphériques, et se dissolvent. Toutefois leur présence dans le sol arable est douteuse, car tous les silicates solubles sont décomposables par l'acide carbonique dont le sol est abondamment pourvu. C'est une expérience classique que de faire passer un courant d'acide carbonique dans une dissolution d'un silicate alcalin et d'y voir se produire un abondant dépôt de silice en gelée.

C'est même à l'action dissolvante de l'acide carbonique contenu dans l'eau de pluie que M. Fournet (1), et après lui Ebelmen, attribuent la décomposition des silicates.

« On conçoit facilement que sous l'influence prolongée d'un liquide chargé d'acide carbonique comme le sont toutes les eaux qui filtrent dans l'intérieur du sol jusqu'à de grandes profondeurs, les silicates puissent se décomposer et se dissoudre.

« Il est facile de prouver que cette dissolution de tous les éléments du silicate doit être accompagnée de la formation de bicarbonates et de silice gélatineuse. L'acide carbonique, en effet, décompose immédiatement les silicates solubles ; or, dans toutes les eaux qui filtrent à travers le sol, l'acide carbonique est en grand excès par rapport à la silice. En outre, et cette circonstance me paraît décisive, on trouve dans toutes les eaux minérales de la silice et des carbonates, jamais de silicates, et l'évaporation de ces eaux ne donne jamais qu'un mélange de carbonates et de silice, bien que la silice se trouve ici dans les circonstances les plus favorables pour rentrer en combinaison, puisque l'excès d'acide carbonique disparaît par le fait de l'évaporation à siccité (2) ».

(1) *Annales de chimie et de physique*, 2e série, tome LV, p. 225.
(2) *Annales des mines*, tome VII.

§ **V. Carbonates.** — La décomposition des silicates alcalins cristallisés donne actuellement naissance, comme nous venons de le voir, à une abondante production de carbonates; les terrains sédimentaires qui proviennent de l'altération ancienne des roches renferment également ces carbonates en plus ou moins grande quantité; les argiles entre autres en sont toujours fournies. La mobilité très-grande de ces corps, leur solubilité auraient rapidement amené leur disparition dans l'eau des rivières, si les causes qui tendent à les produire n'agissaient constamment; c'est en définitive de l'altération des roches que provient toute la potasse employée dans les arts, et ce sont les végétaux qu'on charge de les recueillir, puisque c'est de leur cendre qu'on l'extrait constamment.

Le carbonate d'ammoniaque, produit ultime de la décomposition des matières organiques azotées, existe aussi dans le sol malgré sa volatilité; les matières poreuses, l'argile ayant la propriété remarquable de l'y retenir.

Enfin, le carbonate de chaux est tellement abondant sur la surface du globe, qu'il constitue, comme nous l'avons vu, un de ses principes physiques. C'est aussi un principe chimique important dont la pratique avait dès longtemps constaté la valeur, puisque déjà, au xvie siècle, Bernard de Palissy consacre un ouvrage au marnage, c'est-à-dire à l'opération qui a pour but d'introduire du carbonate de chaux dans le sol.

§ **VI. Oxydes.** — Les argiles renferment de l'oxyde de fer auquel elles doivent leur couleur verte quand elles sont crues, rouge quand elles sont cuites ; elles renferment sans doute également de l'alumine en liberté, bien que la présence de ce dernier oxyde soit moins facile à constater.

L'alumine est difficilement soluble dans l'acide carbonique ; l'oxyde de fer paraît s'y dissoudre plus facilement, car il n'est pas rare de trouver des stalactites de carbonate de chaux colorées par de l'oxyde de fer ; il se précipite au reste de sa dissolution avec une grande facilité. Quoiqu'il en soit, ces oxydes peuvent agir sur les engrais introduits dans le sol.

§ VII. **Autres sels.** — Un grand nombre de travaux montre que le nitre est un des produits les plus fréquents d'oxydation des matières azotées en présence du carbonate de potasse ; les sulfates alcalins, les chlorures peuvent encore se trouver dans la terre arable ; leur solubilité leur permet de réagir même sur des corps insolubles, et leur action mérite une attention spéciale.

CHAPITRE II.

ACTION DES AGENTS CHIMIQUES DU SOL SUR LES PHOSPHATES.

Au point de vue purement agricole où nous nous plaçons, les phosphates peuvent être divisés en phosphates,

1° Solubles dans l'eau ;

2° Insolubles dans l'eau, mais solubles dans les acides faibles ;

3° Insolubles dans l'eau et dans les acides faibles.

Les *phosphates alcalins* solubles dans l'eau peuvent pénétrer dans les plantes aussi facilement que les chlorures, les sulfates, et en général que toutes les matières solubles. Nous n'aurons donc à nous occuper que des causes qui peuvent amener leur formation et leur décomposition.

Les *phosphates alcalino-terreux à deux équivalents d'eau basique* sont solubles dans l'eau ; mais, très-instables de leur nature, ils sont facilement précipités par les carbonates, transformés en phosphates alcalins et précipités à l'état de phosphates alcalino-terreux basiques ; ils rentrent par conséquent dans la classe précédente ou dans celle dont nous allons nous occuper.

Les *phosphates alcalino-terreux basiques* sont de beaucoup les plus intéressants, car ce sont eux qui le plus habituellement sont employés comme engrais ; leur insolubilité dans l'eau ne leur permet de pénétrer dans les organes des plantes qu'autant qu'ils ont été transformés ou dissous par les acides.

Enfin, les *phosphates terreux ou métalliques* sont insolubles dans les acides faibles, mais ils peuvent être décomposés et devenir une source précieuse d'acide phosphorique.

Quelle est, sur ces différentes espèces de phosphates, l'action des substances que nous avons reconnues comme agents chimiques du sol ? C'est ce que nous devons examiner maintenant.

§ Ier. **Action de l'acide carbonique sur les phosphates alcalino-terreux basiques.** — Les expériences ont été tentées surtout sur le phosphate de chaux, dont l'abondance dans l'économie animale et végétale indiquait assez le rôle prédominant dans la physiologie. Toutefois, elles s'appliquent également au phosphate de magnésie ou au phosphate ammoniaco-magnésien, au moins dans le plus grand nombre des cas, et nous aurons soin de signaler les exceptions.

M. Dumas (1), puis M. Lassaigne (2) ont démontré depuis longtemps la solubilité du phosphate de chaux des os dans l'acide carbonique. M. Bobierre (3) a montré également que le phosphate de chaux de la poudre des nodules était soluble dans l'acide carbonique en dissolution concentrée, comme on l'obtient dans les appareils à eau de Seltz.

L'acide carbonique, sous la pression ordinaire, ne dissout pas le phosphate de chaux des nodules; mais la poudre de ceux-ci, quand elle est restée exposée à l'air pendant quelques mois, acquiert une grande solubilité dans l'eau de Seltz. J'avais d'abord observé ce fait pour la solubilité dans les acides acétique et carbonique réunis; mais je l'ai vérifié également pour l'acide carbonique en dissolution concentrée; c'est ce que montrent les expériences suivantes :

(1) *Comptes-rendus,* tome XXIII, p. 1018. 1846
(2) *Id.* *Id.* p. 1019. 1846.
(3) *Id.* , tome XLIV, p. 467. 1857. — Thèse pour le doctorat, p. 108. 1858.

Nº. 1 10 grammes de poudre exposée à l'air, pendant plusieurs mois, dans un magasin :

> Phosphate de magnésie trouvé.............. 0 gr. 300
> Ou phosph. de chaux corresp. à 100 de matière 4   1

Nº. 2 10 grammes de poudre immergée dans l'eau de Seltz, immédiatement après la pulvérisation des nodules :

> Phosphate de magnésie trouvé............ . 0 gr. 040
> Ou pour 100 de matière, phosphate de chaux.. 0   54

J'indiquerai plus loin à quelle cause j'attribue cette différence considérable.

L'acide carbonique agit sur le phosphate tribasique de chaux non-seulement comme agent dissolvant, mais aussi comme agent de décomposition ; il lui enlève parfois de la chaux sans le dissoudre, et on trouve toujours que la quantité de chaux dissoute est beaucoup trop grande pour constituer, avec l'acide phosphorique, du phosphate de chaux tribasique.

J'ai employé pour étudier cette action un phosphate de chaux fossile provenant des Antilles, dans lequel la chaux était toute entière à l'état de phosphate tri et bibasique ; l'acide chlorhydrique ne donnait avec ce produit aucune effervescence.

L'analyse de ce phosphate a donné dans 100 parties :

> Chaux.................. 41,17
> Acide phosphorique..... 38,01
> ______
> 79,18

En dosant le phosphate de chaux par l'ammoniaque on avait trouvé 78. 0.

On voit facilement que la chaux est insuffisante pour

constituer avec l'acide phosphorique un phosphate tri-basique ; il faudrait en effet 44. 6.

Si on place dans l'appareil à eau de Seltz 5 grammes de ce produit, on trouve :

> Acide phosphorique dissous.... 0,034
> Chaux dissoute............... 0,061

Or, il n'en faudrait que 0. 040.

Je crois donc que, lorsqu'on place les nodules dans l'appareil à eau de Seltz et qu'on observe une solubilité assez grande, on obtient à la fois du phosphate de chaux en dissolution, provenant de celui qui existait dans les nodules et de celui qui se forme par la réaction du carbonate de chaux formé aux dépens des phosphates ou préexistant, sur les phosphates de fer. C'est, au reste, ce qui sera confirmé par des expériences citées plus loin.

§ II. **Action de l'acide acétique.** — C'est évidemment se mettre hors des conditions naturelles que d'étudier l'action de l'acide acétique isolé sur une substance employée comme engrais ; si les débris organiques sont assez abondants dans un sol pour que leur oxydation donne naissance à de l'acide acétique, il se produira forcément en même temps de l'acide carbonique, de façon que les engrais seront soumis en même temps à l'action de ces deux acides.

Le phosphate de chaux des os est très-soluble dans l'acide acétique ; quelques expériences semblaient indiquer que la poudre des nodules ne s'y dissout pas ; et on avait cru pouvoir conclure de cette insolubilité que les phosphates fossiles seraient sans effet dans le sol, et qu'il fallait prohiber leur emploi à l'état naturel ; les conséquences de ces essais étaient tellement graves qu'ils méritaient confirmation (1).

Quand on essaie de dissoudre des nodules, récemment pulvérisés, dans l'acide acétique à 5°, puis qu'on sature d'ammoniaque les liqueurs filtrées, on trouve des précipités en général très-faibles, même quand on agit sur plusieurs grammes de matière ; mais il n'en est plus ainsi quand on traite des phosphates réduits en poudre depuis quelque temps.

Une poudre, d'abord insoluble dans l'acide acétique à 5°, resta exposée à l'air pendant trois mois ; elle fixa une quantité d'eau considérable, et, quand on essaya sa solubilité dans l'acide acétique, on trouva que, sur 5 grammes placés dans cet acide pendant vingt-quatre heures, à la température ordinaire, il s'était dissous une quantité correspondant à :

	N° 1.	N° 2.
Phosphate de magnésie...	0,190	0,182

C'est-à-dire :

	N° 1.	N° 2.
Phosphate de chaux......	0,262	0,251

Ou pour 100 parties :

	N° 1.	N° 2.
Phosphate de chaux	5,2	5,0

Ainsi cette même matière, qui était d'abord très-peu soluble dans l'acide acétique, devint très-soluble dans ce liquide sous la seule influence de l'air ; nous avons déja constaté le même fait quand nous avons déterminé la solubilité dans l'acide carbonique.

(1) *Comptes-rendus,* tome XLV, p. 13. 1857.

§ III. **Action des acides acétique et carbonique réunis sur la poudre des nodules et sur le noir animal.** — La solubilité du phosphate de chaux des os ou des nodules est beaucoup plus grande dans les deux acides réunis que dans chacun d'eux pris isolément; et cette solubilité s'accroît dans les nodules à mesure qu'ils sont restés exposés à l'air plus longtemps; c'est ce que démontrent les expériences suivantes.

On a soumis à l'analyse les substances employées. 100 grammes renfermaient :

	Noir animal.	NODULES des Ardennes, mêlés, de div. gisem.			NODULES d'Arcyfay.		NODULES des Ardennes étonnés.	
Phosph. de chaux.	58,7	46,4	46,4	44,3	40,6	40,2	42,2	40,7
Carbon. de chaux.	4,5	13,4	14,7	16,2	6,7	....	13,2	15,3
Oxyde de fer.. ..	.....	3,9	3,7	2,4	4,2	4,3	9,6	8,2

1 gramme des nodules des Ardennes et 1 gramme de ceux d'Arcyfay ont été placés dans 20 cc. d'acide acétique faible, on a fait passer de l'acide carbonique lavé dans du bicarbonate de soude, on a dissous sur :

	100 de poudre des Ardennes, exposés à l'air pendant trois mois.		100 de poudre d'Arcyfay non exposés à l'air.	
Phosphate de chaux.....	8,8	8,9	3,4	5,1
Oxyde de fer.......	0,6	0,6	louche	louche
Carbonate de chaux...............	16,3	16,3	0,39	1,2

Dans une autre série d'essais, où l'on s'était placé dans des conditions moins favorables à la solubilité, l'acide acétique faible et l'acide carbonique ont dissous sur :

	100 de noir animal.		100 de nodules des Ardennes exposés à l'air pendant un mois.		100 de nodules des Ardennes, étonnés.	
Phosphate de chaux..	24,4	26,9	4,9	6,0	4,4	4,4
Oxyde de fer...... . .	....	....	1,2	...	0,7	0,7
Carbonate de chaux ..	8,5	7,6	0,7	0,41	1,6	1,4

§ IV. **Action des sels.** — M. Liebig (1) a examiné récemment l'action des sels sur les phosphates terreux ; il a reconnu que ceux-ci sont solubles dans les sels ammoniacaux, le sel marin, le nitrate de soude, dont l'action vient aider celles de l'acide carbonique et de l'acide acétique.

M. Liebig a déterminé expérimentalement la solubilité dans ces différents sels du phosphate tribasique de chaux qui existe, d'après lui, dans les os traités par l'acide sulfurique, et il a trouvé que :

100 de sulfate d'ammoniaque dissous dans
45 litres d'eau dissolvent....... 3,600 de phosph.
500 de sel marin dans 50 litres.... 3,300
100 de nitrate de soude dans 33 litr. 26,30

M. Bobierre (2) a, de son côté, examiné l'action des sels sur le phosphate de chaux tribasique, et il a trouvé

(1) *Annales de chimie et de physique*, tome LVI, p. 185.
(2) Thèse pour le doctorat, p. 115.

que les bicarbonates alcalins et les sels ammoniacaux dissolvent sensiblement les phosphates.

§ V. **Action des sesquioxydes.** — M. P. Thenard, le premier, paraît avoir précisé un phénomène très-intéressant pour la théorie de l'assimilation de l'acide phosphorique, que M. Liebig avait probablement aperçu déjà lorsqu'il dit que la terre végétale enlève l'acide phosphorique aux dissolutions qui en renferment.

M. P. Thenard (1) a montré que du phosphate de chaux en contact avec certaines terres végétales passe à l'état de phosphate insoluble dans les acides faibles ; la même réaction se produit en mettant du sesquioxyde de fer ou de l'alumine en contact avec du phosphate de chaux dans l'appareil à eau de Seltz.

J'ai vérifié cette réaction pour le phosphate de potasse, de soude, d'ammoniaque et de magnésie ; en employant un excès de sesquioxyde il ne reste plus de traces de phosphates en dissolution.

Il est bien à remarquer ici que l'acide carbonique n'est nécessaire que pour dissoudre le phosphate et que les sesquioxydes ne s'y dissolvent pas, ou que, du moins, la dissolution ne persiste pas à l'air libre, car en soulevant le liquide de l'appareil et en le filtrant on ne peut y déceler la moindre trace de fer ou d'alumine. Au reste, dans l'eau pure, la réaction réussit quand on emploie les phosphates solubles.

M. P. Thenard avait cherché la vérification de son expérience remarquable dans des sols provenant de dé-

(1) *Comptes-rendus*, tome XLVI, p. 212. 1858.

bris de terrains jurassiques, il y avait trouvé tout l'acide phosphorique à l'état insoluble dans l'acide carbonique ; cette observation était-elle générale ou s'appliquait-elle seulement aux sols que cet habile chimiste avait examinés ? C'est ce dont je devais m'assurer d'abord.

Mes expériences ont porté sur sept échantillons de terre arable de provenances très-diverses ; on lessivait de 200 à 300 grammes de terre par l'acide chlorhydrique, puis une quantité semblable par l'acide acétique. Les liqueurs traitées comme nous l'avons indiqué (page 25) donnent, dans le premier cas, l'acide phosphorique total qui se trouvait dans les terres, et dans le second l'acide phosphorique qui existait à l'état de phosphate à base de protoxyde.

On a obtenu ainsi pour un kilogramme de terre sèche :

DÉSIGNATION DES LOCALITÉS d'où proviennent les échantillons.	Acide phosphorique total.	Acide phosphorique à l'état de phosphate à base de protoxyde.	Acide phosphorique à l'état de phosphate à base de sesquioxyde.
1 Chapelles-Bombon, par Tournan (Seine-et-Marne)	0,278	0,045	0,233
2 Gueritaude, près Loches (Indre-et-Loire)...............	0,164	0,084	0,080
3 Verclives, près Écouis (Eure).. ...	0,223	0,00	0,223
4 Mesnil, près Bracieux (Loir-et-Cher), Sologne............ ...	0,245	0,00	0,245
5 Manthelan, près Loches....	0,064	0,00	0,064
6 Hellicourt, près Gamaches (Somme).	indosable.	indosable.	indosable.
7 Mesnil, près Bracieux (Loir-et-Cher), Sologne, terre de bruyère.	*Id.*	*Id.*	*Id.*

Le résultat fourni par la terre n° 4 est très-intéressant, car l'année précédente cette terre avait reçu 5 hectolitres de noir animal par hectare; le phosphate de chaux y avait donc été complétement transformé :

Sur les cinq échantillons qui renferment de l'acide phosphorique, deux seulement le contiennent à un état tel qu'il puisse se dissoudre par les acides faibles ou à la faveur de certains sels, comme l'ont fait voir MM. Liebig et Bobierre; dans les autres terres, il faut évidemment que l'acide phosphorique soit séparé de la combinaison dans laquelle il est engagé, pour qu'il se trouve de nouveau à la disposition des plantes.

§ VI. De l'action des carbonates sur les phosphates insolubles dans l'eau et les acides faibles. — Les carbonates sont les principaux agents de cette transformation; je m'en suis assuré par un grand nombre d'expériences (1).

En faisant filtrer à travers des terres renfermant du phosphate insoluble dans l'acide carbonique, ou en laissant séjourner pendant quarante-huit heures avec du phosphate de fer ou du phosphate d'alumine bien lavé, du carbonate de potasse ou du carbonate d'ammoniaque, on a obtenu de l'acide phosphorique en dissolution dans l'eau.

La plupart du temps, on s'est contenté de rechercher l'acide phosphorique dans les liqueurs, sans le doser; pour préciser, toutefois, j'ai fait l'expérience suivante :

2 grammes de phosphate de fer ($3\,PO^5\,2Fe^2O^3$) ont

(1) *Comptes-rendus,* tome XLVII, p. 988. 1858.

été placés dans un litre d'eau distillée avec 4 grammes de carbonate de potasse ; on a agité à plusieurs reprises et filtré après quarante-huit heures. La température ayant varié de 5 à 15° environ, on a trouvé 0.158 d'acide phosphorique en dissolution dans l'eau.

Les carbonates alcalins peuvent donc enlever de l'acide phosphorique aux phosphates insolubles.

En plaçant dans l'appareil à eau de Seltz du carbonate de chaux ou de magnésie avec du phosphate de fer ou d'alumine, j'ai obtenu du phosphate de chaux en dissolution dans l'acide carbonique.

On a mis dans l'appareil à eau de Seltz 3 grammes de carbonate de chaux avec 1 gramme de phosphate de fer, $3\,PO^5 2Fe^2O^3$, et on a trouvé en dissolution : 0.107 d'acide phosphorique.

On se rappelle (page 65) que M. P. Thenard et moi avions obtenu des résultats inverses pour le phosphate de chaux ou les phosphates alcalins mis en contact avec les sesquioxydes ; les masses des substances agissantes semblent donc être la cause déterminante des réactions, l'excès des carbonates alcalins ou alcalino-terreux rendant l'acide phosphorique soluble, tandis que l'excès des sesquioxydes le précipite au contraire.

M. P. Thenard (1) avait attribué au silicate de chaux la transformation des phosphates à base de sesquioxyde en phosphates de chaux.

Je ferai à cette explication deux objections :

Les silicates solubles existent-ils dans le sol ? Ainsi

____

(1) *Loco citato.*

que nous l'avons vu (1), la réponse est pour le moins douteuse. Ebelmen, qui a étudié la question de près, penche pour la négative, et l'auteur aurait peut-être dû commencer par établir nettement l'existence de la substance sur laquelle roule toute sa théorie.

Pour montrer la décomposition des phosphates à base de sesquioxyde, M. P. Thenard a fait l'expérience suivante :

« Dans un de ces petits appareils à préparer l'eau gazeuse dans les ménages on introduit, en guise d'eau, une dissolution de silicate de chaux, elle-même additionnée de phosphate d'alumine bien pur, ou mieux contenant un léger excès d'alumine. On sature alors, à la manière ordinaire, le liquide d'acide carbonique, et on laisse le tout en digestion pendant vingt-quatre heures, en agitant de temps à autre. Si alors on soulève le liquide, si on le filtre, les réactions ordinaires y font reconnaître de fortes proportions de phosphate de chaux.

« Maintenant si, au lieu de phosphate d'alumine, on opère sur de la terre, en prenant seulement la précaution de la faire bouillir préalablement pendant quarante ou cinquante heures avec du silicate de chaux, toujours en excès, on arrive encore aux mêmes résultats (2). »

Tout le monde sait que les silicates solubles sont facilement décomposables par l'acide carbonique ; de sorte que si, dans la première expérience de M. P. The-

(1) Page 53.
(2) *Loco citato,* p. 212.

nard, les résultats définitifs sont bien ceux qu'il a annoncés, il est probable qu'ils ne sont pas dus au silicate, mais bien au carbonate de chaux, capable, comme je l'ai indiqué plus haut, de décomposer facilement les phosphates à base de sesquioxyde. En plaçant un silicate dans un excès d'acide carbonique, on commence par le détruire, et, par conséquent, on ne peut déduire d'une expérience semblable aucune conséquence sur le rôle des silicates.

La seconde expérience est plus convaincante, bien que la terre soit une matière bien complexe, et que, si elle renferme des carbonates alcalins, ceux-ci puissent agir sur les phosphates insolubles.

Quoi qu'il en soit, en admettant même que les silicates alcalino-terreux ou alcalins réagissent sur les phosphates, ce qui est au reste probable, il faudrait démontrer que, dans la terre arable, ces silicates échappent à l'action décomposante de l'acide carbonique pour pouvoir en tirer quelques conclusions relatives aux métamorphoses que le phosphate de chaux éprouve dans le sol.

§ VII. — **Action de l'oxygène atmosphérique sur le phosphate de fer.** — Dans tous les nodules que j'ai examinés, j'ai trouvé des quantités variables d'oxyde de fer; ayant remarqué, en outre, que l'exposition à l'air avait une influence manifeste sur la solubilité de ces nodules (1), je pensai que cette augmentation de solubilité était due à une transformation du

____

(1) Pages 60 et 63.

phosphate de protoxyde de fer en phosphate de sesqui-oxyde, sans doute plus facilement attaquable par les carbonates.

Pour m'en assurer, j'ai d'abord recherché si le phosphate de protoxyde de fer était moins attaquable par les carbonates que le phosphate de sesquioxyde ; j'ai placé dans un litre d'eau distillée 2 grammes de phosphate de protoxyde de fer et 4 grammes de carbonate de potasse, et en même temps, dans un autre litre d'eau, 2 grammes de phosphate de sesquioxyde et 4 grammes de carbo-nate de potasse.

J'ai obtenu, dans le premier cas :

0 gr. 058 d'acide phosphorique;

dans le second :

0 gr. 158 d'acide phosphorique.

En mettant dans l'appareil à eau de Seltz du phosphate de protoxyde de fer et du carbonate de chaux, on n'obtient que des traces d'acide phosphorique en disso-lution ; en mettant du phosphate de sesquioxyde, on trouve au contraire des quantités notables d'acide phos-phorique en dissolution.

Si l'augmentation de solubilité si évidente des no-dules après leur exposition à l'air (1) tient à la réaction qui s'établit entre le carbonate de chaux de la poudre et le phosphate de fer, il est probable que les no-dules les plus riches en oxyde de fer seront ceux qui se dissoudront en plus grande quantité dans l'eau de Seltz.

(1) Page 60.

J'ai fait, pour vérifier cette hypothèse, les expériences suivantes : 10 gr. de deux poudres renfermant :

	N° 1.	N° 2.
Phosphate de fer................	6,3	11,1
Acide phosphorique total.......	29,6	20,9
Carbonate de chaux.............	non dosé	non dosé

ont été mis dans l'appareil à eau de Seltz ; on a trouvé :

	N° 1.	N° 2.
Acide phosphorique en dissolution	0,063	0,172

Les deux poudres étaient anciennes l'une et l'autre ; on voit que c'est la plus riche en phosphate de fer qui a donné la plus grande quantité d'acide phosphorique en dissolution, bien qu'elle en renfermât moins.

C'est donc à l'action de l'oxygène sur le phosphate de fer que j'attribue l'accroissement de solubilité de la poudre des nodules dans les acides faibles que j'avais observé dès mes premières recherches (1), observation dont M. Bobierre a également reconnu la justesse (2).

CHAPITRE III.

DE LA FORME SOUS LAQUELLE L'ACIDE PHOSPHORIQUE PÉNÈTRE DANS LES PLANTES.

Les considérations précédentes nous ont montré quelles transformations peut subir le phosphate de chaux introduit comme engrais dans le sol ; nous avons vu qu'après sa dissolution dans l'eau chargée d'acide

(1) *Comptes-rendus*, tome XLV, p. 13. 1857.
(2)   *Id.*   *Id.*   p. 167. 1857.

carbonique il pouvait être transformé par les sesqui-oxydes du sol en phosphate de fer ou d'alumine, puisque ensuite ces phosphates étaient à leur tour décomposés par les bicarbonates ; l'acide phosphorique pourra donc, suivant la nature de ces bicarbonates, se rencontrer dans le sol :

1° A l'état de phosphate de potasse ;

2° A l'état de phosphate de soude ;

3° A l'état de phosphate d'ammoniaque ;

4° A l'état de phosphate de chaux ;

5° A l'état de phosphate de magnésie ;

6° A l'état de phosphate ammoniaco-magnésien, composés solubles dans l'eau ou l'acide carbonique, et qui pourront être absorbés par les plantes.

De ce que ces phosphates peuvent être absorbés, il n'en résulte pas qu'ils le soient, et qu'ils le soient tous également ; ce sera seulement quand nous aurons constaté dans les plantes la présence de tel ou tel phosphate, que nous aurons apprécié l'effet produit sur les récoltes par l'un ou l'autre, que nous pourrons avoir une connaissance complète de la forme sous laquelle l'acide phosphorique pénètre dans les plantes.

§ 1. Phosphate de potasse. — Le phosphate de potasse est très-abondant dans les graines d'un grand nombre de plantes ; si on se reporte au tableau de la page 9, on verra que le phosphate de potasse qui, d'après M. Berthier, n'existe pas dans les fourrages, est très-abondant dans les céréales, au point de constituer la moitié du poids de leurs cendres, et plus de la moitié dans les haricots et les pois chiches.

C'est donc une des formes qu'affectera l'acide phosphorique pour pénétrer dans les plantes.

La cherté du phosphate de potasse entravera toujours très-probablement son emploi direct sur les récoltes. MM. Isidore Pierre et de Mecflet ont cependant, à titre d'essai, fait quelques expériences sur l'action de ce sel.

Les conditions furent peu favorables, on ne put rien conclure de positif sur l'abondance de la récolte, mais on reconnut que le poids de l'hectolitre de froment avait beaucoup augmenté; cette augmentation s'est élevée jusqu'à 12 p. 100 du poids du grain venu sans addition de phosphates, l'hectolitre de l'un pesant 66 kilogrammes, l'autre en pesait 74. 2 (1).

§ II. **Phosphate de soude.** — La présence du phosphate de soude dans les cendres des plantes ne paraît pas avoir été constatée nettement; ce n'est peut-être pas à dire qu'il n'existe pas dans les végétaux développés sur des sols reposant sur des terrains cristallisés plus riches en soude qu'en potasse, ou bien encore dans les végétaux marins dont on ne possède que peu d'analyses de cendres.

MM. Isidore Pierre et de Mecflet, M. Kuhlmann ont essayé l'action du phosphate de soude sur diverses récoltes.

Les deux premiers observateurs ont constaté que le phosphate de soude, comme celui de potasse, améliore la qualité du grain de froment.

(1) Isidore PIERRE, *Chimie agricole*, p. 466.

Sur les prairies naturelles, le savant industriel de Lille a remarqué une augmentation dans le rendement (1).

§ III. **Phosphate d'ammoniaque.** — On éprouve de grandes difficultés pour caractériser les substances minérales qui existent dans une plante sans l'incinérer, surtout quand le produit qu'on recherche est susceptible de se former sous l'influence des agents employés pour le caractériser; si en même temps ce produit est volatil et disparaît pendant la calcination, il faut renoncer à constater directement sa présence.

C'est ce qui arrive pour l'ammoniaque combinée à l'acide phosphorique.

Si ce sel est absorbé, l'ammoniaque peut se trouver entraînée dans la circulation végétale et employée à la constitution des principes immédiats, l'acide phosphorique se saturant ensuite à l'aide des carbonates alcalins ou alcalino-terreux.

Si le phosphate d'ammoniaque absorbé reste à cet état simple, on pourra peut-être l'obtenir en lessivant les parties végétales qui le renferment; mais comment distinguer l'ammoniaque combinée à l'acide phosphorique de celle qui naîtra, par la décomposition sous l'influence des alcalis fixes, des principes immédiats azotés, solubles, que l'eau aura entraînés?

Si on incinère enfin, l'ammoniaque disparaîtra en combinaison avec l'acide carbonique, par suite d'un phénomène de double échange.

On voit donc qu'il n'est pas possible de caractériser

(1) Isidore PIERRE, *Chimie agricole,* p. 466.

directement dans une plante le phosphate d'ammoniaque, mais qu'on ne peut cependant en conclure que ce phosphate d'ammoniaque n'existe pas et surtout n'y ait pas pénétré; le carbonate d'ammoniaque jouant toujours, en effet, dans les décompositions des phosphates le même rôle que le carbonate de potasse, on peut logiquement conclure de l'assimilation du phosphate de potasse à celle du phosphate d'ammoniaque.

On sait depuis longtemps que les phosphates mélangés aux matières azotées produisent, comme engrais, des effets remarquables; sans aucun doute, une des raisons de ce succès est dans la présence dans le sol des éléments qui font défaut le plus habituellement; une autre ne serait-elle pas que le mélange de ces deux substances, phosphate de chaux et carbonate d'ammoniaque, peut produire du carbonate de chaux et du phosphate d'ammoniaque éminemment assimilables?

Les essais qu'on a tentés avec ce sel n'ont toutefois pas été très-favorables, peut-être à cause de l'excès de substance qu'on a employé. M. Schattenmann, qui a essayé l'action du phosphate d'ammoniaque en arrosage, a, en effet, fait verser sa récolte de froment par suite d'un développement exagéré de la paille.

MM. Isidore Pierre et de Mecflet, qui ont essayé également le phosphate d'ammoniaque, n'ont pas eu non plus à se louer de cette substance; toutefois ce n'est pas sans certains doutes qu'ils émettent leur opinion (1).

§ IV. **Phosphate de chaux.** — C'est généralement sous forme de phosphate de chaux que l'acide phos-

____

(1) Isidore Pierre, *Chimie agricole,* p. 433.

phorique arrive dans la terre végétale ; ainsi que nous l'avons vu, c'est empiriquement que son usage s'est établi, et comme l'engrais qui l'apportait renfermait de l'azote, on avait cru d'abord à l'efficacité seule de cet élément, et on avait négligé l'acide phosphorique ; plus tard eut lieu une réaction en sens inverse et on annonça, ainsi que nous l'avons vu dans la première partie de ce travail, que les phosphates produisaient le même effet, qu'ils renfermassent ou non des matières azotées.

Les circonstances dans lesquelles on peut placer un engrais sont tellement variées que, si on ne les détermine pas avec le plus grand soin, on ne peut rien conclure des expériences ; c'est ce que M. Boussingault a senti depuis longtemps, et c'est là ce qui l'a conduit à son admirable système d'expérimentation où, plaçant des plantes dans des sols absolument stériles, il leur donne seulement les agents dont il veut déterminer l'effet.

De ses expériences entreprises sur les hélianthus et sur le chanvre, il ressort nettement que le phosphate de chaux seul n'est qu'un engrais très-médiocre, que les sels ammoniacaux ou les nitrates isolés ne produisent que peu d'effet, mais que l'association de ces principes azotés et phosphatés constitue pour ainsi dire la base des engrais.

Ainsi, les plantes recevant seulement du phosphate de chaux et des cendres ont donné le rapport $\frac{1}{1.6}$ de la graine à la plante ; $\frac{1}{4.1}$ a été celui de la graine de chanvre à la plante développée quand l'engrais a été du carbonate d'ammoniaque et des cendres, et il est devenu

$\frac{1}{14.2}$ quand à ces substances s'est ajouté le phosphate de chaux.

Il est à remarquer toutefois que, dans la pratique, on ne se trouve jamais dans des conditions de stérilité absolue quant aux sels ammoniacaux ou aux nitrates, que ceux-ci peuvent tomber de l'atmosphère avec la pluie, les brouillards, la rosée, que si l'on agit sur les défrichements, les matières végétales qui y sont accumulées renferment probablement un peu d'azote, que le noir animal qu'on y ajoute à cause de ses propriétés absorbantes fixe l'ammoniaque produite qui sans lui aurait pu s'évaporer, et que par conséquent, dans ces circonstances, le phosphate de chaux seul peut agir très-efficacement.

Nous reviendrons, au reste, dans la troisième partie de ce travail sur les circonstances dans lesquelles le phosphate de chaux peut être employé.

§ V. **Phosphate de magnésie.** — Dès 1803 (1) Fourcroy et Vauquelin constatèrent dans les graines de céréales le phosphate de magnésie en quantité double de celle du phosphate de chaux.

Les analyses que nous avons citées, page 9, confirment ce résultat. Le phosphate de magnésie a pu prendre naissance, comme nous l'avons indiqué, par la décomposition des phosphates à base de sesquioxyde par le carbonate de magnésie. Il est probable que ce sel jouerait dans les engrais le même rôle que le phosphate de chaux, si on le rencontrait avec quelque abondance.

(1) *Annales de chimie,* tome XLVII, p. 259, an XI.

§ VI. **Phosphate ammoniaco-magnésien.** — Ce phosphate est très-peu soluble dans l'eau, mais très-soluble dans l'eau chargée d'acide carbonique ; il est possible que ce soit en partie sous forme de phosphate ammoniaco-magnésien produit par l'action du carbonate d'ammoniaque sur le phosphate de magnésie que ce sel ait pénétré dans les plantes où on le rencontre.

Les résultats qu'on a obtenus avec cet engrais ont été des plus remarquables ; M. Boussingault l'a essayé sur le maïs et a obtenu *deux épis complets et un épi avorté,* tandis que les plants venus sans phosphate n'avaient comme ceux des champs voisins qu'un épi complet et un épi avorté. Le grain produit par les plants phosphatés était au grain produit par un nombre égal de plants non phosphatés comme 9 est à 4, c'est-à-dire que la récolte était plus que doublée.

« J'ai déjà expérimenté, soit en petit soit en grand, sur bien des engrais, dit M. Boussingault en rendant compte des résultats précédents, mais je n'avais pas encore obtenu des résultats différentiels aussi saillants (1). »

M. Isidore Pierre a lui-même tenté quelques essais, et il est arrivé aux conclusions suivantes :

1° Le phosphate ammoniaco-magnésien, employé à des doses de 150 à 300 kilogrammes par hectare, a exercé sur les récoltes de froment une action favorable très-prononcée.

2° Toutes choses semblables, d'ailleurs, son action

____

(1) Lettre de M. BOUSSINGAULT, adressée à M. Isidore Pierre (*Chimie agricole,* p. 485).

paraît plus sensible sur les terres qui commencent à se fatiguer de céréales trop fréquemment répétées.

3° L'un des effets constants du phosphate ammo-niaco-magnésien sur les récoltes de froment, c'est un accroissement sensible dans le poids spécifique du grain ; cet accroissement peut s'élever jusqu'à 3, 4 et même 5 p. 100.

4° Employé sur un sarrasin ordinaire à la dose de 250 à 500 kilogrammes par hectare, dans une terre de très-médiocre qualité, ce même phosphate y a produit des résultats différentiels très-remarquables ; la récolte de grain a été plus que sextuplée, la récolte de paille plus que doublée.

CHAPITRE IV.

DES CAUSES DE DÉPERDITION DE L'ACIDE PHOSPHORIQUE.

Nous avons indiqué déjà, page 11, quelles étaient les causes humaines de déperdition des phosphates existant primitivement dans la terre arable : le bel aspect que présente le phosphate de chaux des os, la facilité avec laquelle il peut être travaillé, et le pieux usage où nous sommes de conserver dans les cimetières le squelette des morts se plaçant au premier rang.

Mais à ces deux causes d'épuisement des terres arables en acide phosphorique viennent s'ajouter des causes naturelles, provenant des réactions qui s'éta-blissent dans le sol ; nous devons actuellement les passer en revue.

Si on se reporte au chapitre où nous avons traité des métamorphoses que subit le phosphate de chaux dans le sol, on verra qu'il faut que l'acide de ce sel soit dissous dans l'eau pour être absorbé par les plantes, que c'est seulement dans cet état qu'il peut pénétrer dans le chevelu des racines ; mais tout l'acide ainsi amené en dissolution ne sera pas absorbé, et une fraction plus ou moins considérable pourra être entraînée par les eaux courantes jusqu'aux rivières, aux fleuves et à la mer, si de nouvelles métamorphoses n'interviennent pour le fixer.

En faisant, pour un instant, abstraction de cette seconde métamorphose, nous pouvons dire que toute cause de dissolution du phosphate de chaux, toute cause d'assimilation se trouvera en même temps une cause de déperdition.

Nous n'aurons donc qu'à rappeler les circonstances dans lesquelles l'acide phosphorique se dissout pour trouver celles dans lesquelles il est susceptible de se perdre.

§. Ier. **Déperdition par acidité.** — Or, si nous rappelons les causes d'assimilation de l'acide phosphorique, nous trouverons en première ligne la solubilité des phosphates terreux (phosphate de chaux, de magnésie, ammoniaco-magnésien) dans les acides faibles que donne l'oxydation des débris végétaux. On se rappellera en effet que les terres de bruyère sont très-pauvres en acide phosphorique (1), et que c'est

(1) Page 66.

surtout sur les défrichements que le noir animal réussit en Bretagne, en Sologne, dans le Berry, etc. Deux causes contribuent à cette réussite : 1° le phosphate de chaux faisant défaut, en l'apportant, on place le sol dans des conditions convenables de culture; 2° précisément, puisque le phosphate de chaux fait défaut, c'est que le sol se trouve dans des conditions convenables à son assimilation, à sa dissolution, et en même temps à sa déperdition.

Ainsi, une des premières causes de perte de l'acide phosphorique sera *l'acidité du sol* dans lequel on le placera, les sols dans lesquels les acides acétique et carbonique sont réunis étant de beaucoup ceux dans lesquels cette perdition est plus à craindre.

Nous avons vu plus haut que les oxydes de fer ou l'alumine peuvent cependant réagir sur ces phosphates dissous pour les retenir et les fixer. Ainsi, tout phosphate alcalino-terreux dissous ne sera pas pour cela assimilé ou perdu, les oxydes exerçant sur lui une action protectrice en le retenant à l'état insoluble.

Désormais, l'acide phosphorique à l'état de phosphate de fer ou d'alumine est à l'abri des causes d'assimilation ou de déperdition par les acides végétaux; mais, ainsi que nous l'avons vu, d'autres corps peuvent l'arracher à ces combinaisons, où il est préservé, mais inutile.

§ II. Déperdition par les carbonates alcalins et alcalino-terreux. — Les carbonates de potasse, de soude, d'ammoniaque, de chaux, de magnésie, vont réagir sur les phosphates à base de sesquioxyde et

les transformer en sels solubles dans l'eau ou dans l'a-
cide carbonique. La réaction est précisément inverse
de celle que nous venons de citer. De même que des
sesquioxydes en excès arrachent l'acide carbonique aux
phosphates alcalino-terreux en dissolution dans l'acide
carbonique, de même les carbonates solubles dans l'eau
ou l'acide carbonique viennent, quand ils sont en excès,
reprendre l'acide phosphorique aux sesquioxydes qui
l'avaient précipité. Si l'eau de pluie, chargée d'acide
carbonique, tombe sur les sommets dénudés d'une mon-
tagne granitique, puis qu'elle arrive aux collines cultivées placées plus bas, elle pourra reprendre l'acide
phosphorique que les oxydes de la terre arable avaient
protégé contre les influences acides, les remettre à la
disposition des plantes, mais en entraîner en même
temps une partie.

Les argiles qui renferment toujours des alcalis pourront également en céder aux eaux de pluie, et celles-ci
pourront réagir de la même façon que les eaux qui ont
coulé sur les sols granitiques.

Le carbonate d'ammoniaque des engrais pourra aussi
jouer le même rôle.

Toutefois, la perte de cet acide phosphorique, combiné actuellement à la potasse, à la soude, à l'ammoniaque ou à la chaux et à la magnésie, n'est pas encore
consommée ; l'oxyde de fer ou l'alumine peut encore
reprendre son rôle protecteur et ressaisir au passage
cet acide phosphorique entraîné, car, ainsi que nous
l'avons vu, page 65, les sesquioxydes décomposent les
phosphates alcalins comme les phosphates terreux.

Ainsi, en définitive, nous trouvons que les carbonates ou les acides sont les causes de déperdition de l'acide phosphorique, les sesquioxydes les causes de protection.

§ III. **Marnage.** — Une terre riche en sesquioxydes et pauvre en alcalis peut renfermer une grande quantité de phosphates inertes, inutiles aux plantes si on ne les décompose; que faut-il pour cela? des carbonates. Introduisons donc du carbonate de chaux, et la décomposition aura lieu (page 67).

Ce serait donc, d'après nous, en amenant à l'état de phosphate assimilable par les plantes le phosphate inerte à base de sesquioxyde que la marne devrait ses utiles effets, connus depuis si longtemps sur notre vieille terre de France, que Pline cite déjà son emploi parmi les Gaulois et les Bretons et que, plus tard, Bernard de Palissy lui consacre un traité et contribue à remettre son usage en honneur.

Ce n'est pas à dire que les marnes ne puissent avoir d'autres avantages que ceux que nous venons d'indiquer; elles peuvent contenir une petite quantité de phosphates, de débris organiques qui viennent accroître la fertilité générale du sol; mais leur effet sur les phosphates nous paraît être leur rôle le plus important.

Comme tous les agents d'assimilation, la marne est un agent de déperdition, et en rendant l'acide phosphorique soluble peut amener sa perte. Le proverbe le dit : *La marne enrichit le père, mais ruine les enfants.*

Si nous essayons de contrôler les considérations précédentes par l'examen des divers engrais employés en France, nous trouvons que les deux pays qui consomment à beaucoup près le plus de phosphates sont la Bretagne et la Sologne ; or, nous trouvons précisément que ces deux pays sont soumis à la fois aux deux grandes causes de déperdition que nous avons signalées ; les terres de bruyères y abondent. C'est sur les défrichements que le phosphate de chaux réussit le mieux ; il est là dissous par les acides. Est-il précipité à l'état de phosphate insoluble ? il est redissous par les carbonates alcalins qui proviennent des granites bretons, ou qui remontent par capillarité au travers des sables de l'argile compacte de la Sologne.

Les terres calcaires paraissent rechercher moins avidement le phosphate de chaux ; celui qui s'y trouve s'y conserve mieux en effet que partout ailleurs, car, s'il se trouve sous une forme soluble dans l'acide carbonique, il se trouve entouré de carbonate de chaux qui s'empare à chaque instant de cet acide, dans lequel il est beaucoup plus soluble que le phosphate.

Cet effet toutefois ne se produit que dans les terres absolument calcaires ; quand le carbonate de chaux n'est qu'en moyenne proportion, il est plutôt agent d'assimilation et de déperdition que de protection.

Nous en avons un exemple remarquable dans l'analyse de la terre d'Hellicourt : bien qu'elle renferme de l'argile et du sable, elle est riche aussi en carbonate de chaux, aussi n'y trouve-t-on pas d'acide phosphorique ; c'est une terre qui reçoit cependant beaucoup d'engrais puisqu'on y cultive du chanvre.

Dans les terres fortes, riches en argile, de la Brie et de la Beauce, l'excès des sesquioxydes conserve les phosphates, qui ne deviennent assimilables qu'autant qu'un excès de marne les a transformés.

Il arrive souvent dans l'histoire des sciences que certaines questions mûres, étudiées de plusieurs côtés à la fois, sont résolues à des points de vue différents par plusieurs observateurs.

M. Boussingault, M. Liebig, M. Way, M. P. Thenard ont étudié la terre arable ; les dernières conclusions qu'ils tirent de cette étude, c'est que le sol est non-seulement un support pour les plantes, un réservoir pour les principes qui leur sont nécessaires, mais un réservoir économe, qui sait ménager les éléments, ne les dispenser qu'en temps opportun et avec une sage mesure, sous certaines influences naturelles ou au contraire créées par l'homme.

Si mes recherches, qui constatent le rétablissement à l'état soluble des phosphates à base de sesquioxyde, peuvent expliquer une de ces influences qui, s'exagérant parfois, amènent la consommation énorme de phosphates que font le centre et l'ouest de la France ; si ces travaux expliquent aussi l'utilité du marnage, on me pardonnera de placer mon nom, bien loin derrière, à la suite de ces noms illustres : c'est la récompense la plus flatteuse qu'on puisse accorder à mes efforts.

TROISIÈME PARTIE.

DIVERS MODES D'EMPLOI DES PHOSPHATES. — TRAITEMENTS INDUSTRIELS. — VALEURS COMMERCIALES.

Nous avons indiqué, dans les deux premières parties de ce travail, les différentes sources où l'agriculture peut puiser l'acide phosphorique et les formes sous lesquelles cet engrais pénètre dans les organes des plantes.

Il nous reste à entrer maintenant dans quelques détails industriels et commerciaux sur l'emploi des diverses variétés de phosphates, sur les préparations qu'on leur fait subir et les mélanges dans lesquels on les fait entrer, afin d'en tirer des conclusions sur les meilleures méthodes à suivre pour utiliser les riches gisements de phosphate de chaux récemment découverts en France.

§ Ier. **Os et noir animal.** — L'agriculture utilise le phosphate de chaux des os, soit en réduisant en poudre les déchets des fabriques dans lesquelles les os sont employés comme matière première, soit en calcinant ces résidus ou les os de trop petite dimension pour recevoir quelque emploi industriel.

Les os peuvent être calcinés à l'air, leur cendre est alors blanche et consiste exclusivement en phosphate et en carbonate de chaux mêlés à de petites quantités de phosphate de magnésie ; ou, au contraire, chauffés en vase clos, auquel cas la matière minérale reste mélangée à un charbon doué de remarquables propriétés décolorantes et qui porte le nom de noir animal.

Ainsi que nous l'avons vu déjà, l'emploi des os ou du noir animal a donné lieu à de longues discussions ; pendant longtemps on a attribué les bons effets obtenus des os, dans la culture, aux matières azotées qu'ils renferment, et leur valeur s'établissait par un simple dosage d'azote. On aurait été porté alors à préférer les os frais aux os calcinés, mais la graisse que ceux-ci renferment rend leur assimilation difficile et longue. M. Payen a montré que les os simplement séchés à l'air n'ont perdu, après un séjour de quatre années dans la terre, que 8 p. 100 de leur poids, tandis que les os frais dégraissés à l'eau bouillante ont perdu, pendant le même espace de temps, 25 p. 100.

En général, il semble donc que c'est sous forme d'os dégraissés que ces matières doivent être préférées, puisqu'on aura un engrais renfermant à la fois du phosphate de chaux et des matières azotées ; toutefois, c'est encore plutôt lorsqu'ils ont été transformés en noir animal que les os ont été employés par l'agriculture. Il est possible que les propriétés absorbantes du charbon d'os par le gaz ammoniac puissent contribuer aux bons effets qu'on en obtient ; à cette action viennent s'ajouter, au reste, les matières azotées facilement décomposables qu'il renferme lorsqu'il a été employé dans les raffineries et qu'il a été mélangé au sang dans la clarification.

La quantité immense d'os, de noir animal qui se consomme dans l'ouest et le centre de la France, sans aucun mélange, sans aucun traitement, montre assez que cet engrais peut être assimilé dans les terres arables de ces contrées, par suite des réactions que nous avons indiquées.

On possède, au reste, des expériences nombreuses faites pour examiner l'action du phosphate de chaux pur dans la végétation.

M. le duc de Richmond fit, en 1843, en Angleterre, des expériences remarquables où il démontra le premier que les os calcinés donnaient des résultats presque aussi avantageux que les os en poudre. M. Puvis fit également des expériences très-intéressantes sur l'emploi du noir animal et contribua à propager l'idée que c'est le phosphate de chaux qui agit et non les autres matières qui se trouvent mélangées à lui.

En 1849, M. Lassaigne publia, dans les *Annales de chimie et de physique*, des expériences faites sur des plantes à l'aide de dissolution de phosphate de chaux dans l'acide carbonique ; de la comparaison des récoltes obtenues avec cet amendement ou sans lui, il put logiquement conclure que le phosphate de chaux pur agit très-favorablement sur les récoltes de céréales.

M. Malingié de la Charmoise a fabriqué longtemps lui-même le noir animal qu'il employait et en a obtenu de très-bons effets.

M. A. Voelcker, professeur de chimie au collége royal de Circester, fit l'essai comparé de divers engrais ; la quantité mise sur chaque parcelle du champ en expérience correspondait à la somme de 6 fr. 25 c. La plante cultivée était le navet ; la récolte avec la poudre d'os fut de 34,000 kilogrammes par hectare, tandis qu'elle n'était que de 13,000 kilogrammes quand le champ ne reçut pas d'engrais.

Nous avons cité enfin les expériences précises de M. Boussingault sur le lin ou les hélianthus, et nous pouvons considérer comme établi qu'en dehors de tout mélange le phosphate de chaux pur a une haute valeur agricole.

A Nantes, le prix des bons noirs d'os a été de 20 à 26 fr. l'hectolitre pesant 95 kilos, il est actuellement de 17 fr., ce qui est au reste son prix habituel; en Angleterre les os broyés valent 15 fr. les 100 kilos, la cendre d'os atteint à peu près la même valeur, bien qu'elle descende quelquefois jusqu'à 14 fr. 60 c. Le noir animal renfermant 70 p. 100 comme la cendre d'os est au même prix. On voit que la valeur est moindre en Angleterre que chez nous.

Aucune matière n'est plus facile à falsifier que le noir animal, et peut-être aucune n'a été l'objet de vols plus effrontés. « En dix ans, de 1840 à 1850, il s'est vendu à Nantes 1,887,000 hectolitres de noir destiné à l'agriculture, auquel il a été mélangé 2,500,000 hectolitres de tourbe des marais de Montoir. La tourbe ne valant pas plus de 75 c. l'hectolitre était vendue 4 fr. dans le mélange. 8,000,000 de francs furent ainsi prélevés pendant cet espace de temps par la fraude sur l'agriculture (1). »

L'administration ne pouvait rester spectatrice indifférente de ces insignes tromperies; un laboratoire d'es-

____

(1) *Journal d'Agriculture pratique* (1856). — Rapport de MM. BARRAL et MOLL sur l'emploi agricole du noir animal.

sais fut créé pendant que M. Dumas possédait le porte-feuille de ministre de l'agriculture, et M. Bobierre, nommé chef de ce service public, y apporta un zèle et une activité dont l'agriculture ne tarda pas à ressentir les effets bienfaisants.

C'est une chose étrange, au reste, que de voir des agriculteurs qui n'hésitent pas à faire de lourdes dépenses pour se procurer des engrais artificiels, n'avoir pas la précaution bien simple de ne les acheter que sur une analyse préalable ou, du moins, de se faire délivrer un échantillon cacheté déposé en mains tierces, dont l'analyse pourra leur procurer des dommages-intérêts, si l'avortement de la récolte est dû à la mauvaise qualité de l'engrais, vendu par un marchand déloyal.

Le succès des engrais commerciaux qui sont appelés à rendre tant de services à l'agriculture dépend de la loyauté dans les transactions, on ne l'obtiendra qu'en la constatant sans cesse ; en cela, la chimie peut être un puissant auxiliaire de l'industrie agricole.

§ II. **Phosphates minéraux.**— 1. *Extraction.*— Nous avons indiqué, dans la première partie de ce travail (page 41), les points de la France et de l'Angleterre où se rencontraient les nodules ; ils y sont généralement répandus sur le sol et, pendant que la terre est dépouillée de ses récoltes, des femmes ou des enfants peuvent être employés à les ramasser. Les caractères extérieurs des nodules, leur aspect arrondi, leur cassure noire, les font bien facilement reconnaître, et il n'y a guère à craindre d'erreur. On rencontre souvent à quelques décimètres de profondeur des gisements très-abondants de nodules qu'on peut exploiter par une simple tranchée.

Les nodules mélangés à la terre extraits de cette tranchée sont soumis, pour effectuer la séparation, à deux opérations très-simples.

Tout ce qu'on enlève des tranchées est jeté sur une claie oblique, les nodules restent d'un côté, tandis que la terre et le sable plus fins passent par les ouvertures. Les nodules sont après cette opération encore couverts de sable adhérent à leur surface, qu'on enlève par un lavage.

Il est installé comme celui des minerais de fer; dans un ruisseau on établit un barrage, terminé à sa partie supérieure par une grille qui peut laisser passer l'eau bourbeuse en retenant les nodules, un ouvrier les agite à la pelle et les jette sur le bord quand leur surface paraît lisse et dépouillée de matières sableuses. — Les nodules lavés exposés à l'air se dessèchent rapidement; on les conduit sur les ports d'embarquement, si, comme à la Villette, on fait la pulvérisation à Paris.

Il serait, au reste, à désirer que cette pulvérisation pût avoir lieu dans le voisinage des points d'extraction, où il serait probablement possible d'utiliser la force motrice des cours d'eau.

En Angleterre on estime à 4 sh. 6 d. à 5 sh. la dépense nécessaire pour extraire, laver et réunir une tonne de nodules; toutefois, quand elle est embarquée, elle revient de 30 à 45 sh. environ (37 fr. à 56 fr.). « La différence de prix peut dépendre non-seulement de la valeur chimique du produit, mais aussi de l'habileté, ou autrement dit de la cupidité du marchand. En prenant le plus bas prix, on voit cependant qu'un profit de 20 à 25 sh. par tonne est acquis au propriétaire du sol (22 fr. 5 c. à 31 fr. 25 c.) Le profit qu'on tire de cette industrie est cependant si grand que j'ai été informé que le produit de quelques acres en os fossiles a été, après la vente, supérieur au prix de la terre elle-même. Bien que celle-ci soit améliorée par l'enlèvement des nodules, on a donné jusqu'à 60, 70 et 80 l. st. pour obtenir la permission de creuser sur un champ de deux acres (1,500 fr., 1,750 fr., 2,000 fr.) (1). »

On comprend, d'après le passage précédent, combien il est difficile d'établir un prix de revient, même approximatif, pour la tonne de nodules, le prix dépendant en grande partie de la facilité avec laquelle on peut traiter avec les propriétaires du sol. Quant aux frais occasionnés par l'extraction, le lavage et l'apport d'une tonne de nodules jusqu'à un port d'embarquement voisin du gisement de 5 kilomètres, il est estimé en général à 15 fr. Cette dépense variant nécessairement beaucoup avec la distance à parcourir du gisement au port d'embarquement, le prix peut arriver jusqu'à 18 fr. 50 c. et 23 fr. quand cette distance est considérable.

2. *Étonnement.* — Quand on commença l'exploitation des nodules, on pensa qu'il y aurait avantage à les étonner pour faciliter la pulvérisation. Cette opération, fort dispendieuse et médiocrement utile, est abandon-

(1) Thornton Herapath, *Journal of the royal agricultural Society of England*, vol. XII. 1855.

née aujourd'hui. Elle se faisait à l'usine de la Villette, dans des fourneaux à réverbère de forme rectangulaire, incomplétement séparés en deux parties par une cloison perpendiculaire au grand côté. La flamme de la houille, introduite par une des petites faces, se répandait horizontalement dans le four, et tournait autour de la cloison avant d'arriver à une cheminée d'appel. Les nodules, introduits par une porte latérale derrière la cloison, tournaient autour d'elle et arrivaient dans le voisinage de la houille. Quand ils étaient rouges de feu, un ouvrier les faisait sortir par une porte latérale voisine de celle d'entrée, mais placée de l'autre côté de la cloison, et les arrosait d'eau froide. La couleur verte que possèdent habituellement les nodules était changée par ce traitement en une teinte rouge. Cette modification, analogue à celle que subissent les argiles cuites, est due également à la suroxydation du fer.

3. *Pulvérisation.* — A l'usine de la Villette on pulvérise les nodules à l'aide de meules horizontales analogues à celles d'un moulin à blé, mises en mouvement par une machine à vapeur. Les nodules sont jetés dans une trémie et tombent entre deux cylindres cannelés qui les réduisent en fragments assez fins pour qu'ils puissent s'engager entre les meules ; la poudre fine obtenue tombe dans des sacs ficelés autour de l'ouverture par laquelle elle s'écoule.

Les analyses que nous avons données dans la première partie de ce travail montrent que la poudre des nodules est formée de plusieurs substances différentes, parmi lesquelles le phosphate de chaux ne forme pas la moitié. On comprend l'avantage qu'il y aurait à séparer mécaniquement ce principe utile d'avec les matières inertes auxquelles il est mélangé. Malheureusement, la densité de ces substances n'est pas assez différente pour que des lavages à l'eau puissent réussir à diviser la poudre des nodules en deux parties, dont l'une renfermerait tout le phosphate de chaux. Dans plusieurs essais que j'ai tentés dans ce sens, j'ai trouvé la même quantité de phosphate dans l'argile que l'eau enlevait d'abord, et dans le sable quartzeux qui retombait au fond des vases.

§ III. **De l'emploi des phosphates fossiles simplement réduits en poudre.** — La première opinion qui se manifesta lorsqu'on annonça l'exploitation des phosphates fossiles fut que ces substances ne pourraient être d'aucun emploi tant qu'on ne les aurait pas attaquées par les acides minéraux.

Quelques expériences de laboratoire vinrent cependant combattre cette conclusion. M. Bobierre et moi, nous montrâmes que si la poudre des nodules n'était pas aussi soluble dans l'acide carbonique et dans les acides acétique et carbonique réunis que les phosphates d'origine animale, cette solubilité était toutefois assez grande pour qu'il ne fallût pas désespérer de l'emploi de ces substances.

Nous avons indiqué précédemment quelle est cette solubilité; celle qu'on obtient dans les carbonates alcalins, qui, ainsi que nous l'avons vu, est la seconde grande cause d'assimilation des phosphates, est aussi considérable. L'expérience suivante prouve même que, grâce au phosphate de fer qui se trouve dans la poudre des nodules, celle-ci est plus facilement décomposable par les carbonates alcalins que la poudre d'os.

En plaçant dans un vase d'un litre rempli d'eau distillée 20 grammes de carbonate de soude et 10 grammes de poudre d'os, et dans un autre vase 20 grammes de carbonate de soude et 10 grammes de poudre de nodules, on a obtenu dans le premier cas un précipité de phosphate de magnésie pesant 0 gr. 082, et dans le second 0 gr. 110. Nous verrons que cette expérience rend compte de certains faits observés dans la pratique.

Les expériences de laboratoire ne peuvent jamais que reproduire quelques-unes des réactions qui prennent naissance dans le sol entre les principes qui s'y trouvent, et les déductions qu'on en tire sont singulièrement renforcées par l'expérience directe.

M. Bobierre a donné les résultats d'une culture de sarrasin entreprise sur le sol et dans le climat de la Bretagne, dans laquelle il a comparé l'effet produit par du noir animal et par de la poudre de nodules. Les récoltes ont été presque les mêmes dans les deux cas ; le résultat était toutefois un peu plus favorable avec les phosphates fossiles, bien qu'ils ne fussent pas mélangés de matières azotées et que le noir animal en contînt. Si on établit la comparaison entre les nodules animalisés et le noir animal, ce qui paraît plus logique, puisqu'alors les deux engrais présentent l'un et l'autre des matières azotées, on trouve que les nodules donnent une récolte triple.

Les renseignements qu'a fournis la grande culture sont analogues ; plusieurs agriculteurs qui ont employé comparativement les nodules et le noir animal pour la culture du sarrasin, si répandue en Bretagne, ont trouvé que la poudre des phosphates fossiles réussissait mieux, bien qu'elle fût employée à la même dose que le noir animal, et que par conséquent il y eût une moindre quantité d'acide phosphorique introduite dans le sol.

Le fait s'explique puisque, ainsi que nous l'avons montré plus haut, la poudre des nodules est plus facilement décomposable par les carbonates alcalins que celle des os :

La poudre des nodules renferme tout formé le phosphate de fer, si facilement décomposable par les carbonates ; les os ne renferment que du phosphate de chaux, qui résiste mieux et qui doit être d'abord dissous par les acides, puis précipité par les sesquioxydes, pour revêtir cette forme qui le rend apte à une décomposition facile par l'agent assimilateur du terrain granitique.

Ainsi, en définitive, on voit que l'expérience s'est pleinement prononcée en faveur de l'emploi des phosphates fossiles simplement réduits en poudre dans les terres de bruyère granitiques.

§ IV. **De la fabrication du phosphate de chaux pur à l'aide des nodules.** — Les doutes que l'on avait manifestés sur l'utilité de la poudre des nodules quand commença leur exploitation déterminèrent les industriels qui avaient entrepris cette exploitation à essayer la fabrication en grand du phosphate de chaux pur à l'aide des nodules ; je fus chargé de diriger les travaux.

La méthode à suivre était nettement indiquée par

la théorie ; il suffisait d'attaquer les nodules réduits en poudre par l'acide chlorhydrique, de séparer la liqueur chargée de phosphate de chaux du résidu formé de la silice insoluble, puis de précipiter de cette liqueur l'acide phosphorique par un lait de chaux, l'emploi de l'ammoniaque étant exclu par son prix trop élevé.

On rencontre cependant dans la pratique de telles difficultés que je ne crois pas que cette méthode soit jamais industrielle.

En employant même des quantités d'acide chlorhydrique considérables, on n'arrive jamais à enlever à la poudre des nodules tout le phosphate de chaux qu'elle renferme, au moins en agissant à froid, comme on le faisait à la Villette ; on n'arrive même pas à ce résultat en employant des lavages méthodiques, c'est-à-dire en soumettant les poudres à l'action d'acides de plus en plus concentrés, à mesure qu'elles s'appauvrissent davantage par le contact déjà répété des liqueurs dissolvantes. Les résidus les moins riches renfermaient toujours de 15 à 20 p. 100 de phosphate, c'est-à-dire de 1/3 à 1/2 de la quantité primitive.

La précipitation par un lait de chaux se faisait sans difficultés, on pouvait facilement calculer la quantité de chaux à introduire dans la liqueur, et mettre un léger excès, de façon à obtenir une saturation complète ; mais, cette préparation terminée, surgissait une nouvelle difficulté ; le phosphate de chaux ainsi obtenu est gélatineux et ne se dépose au fond des tonneaux qu'avec une extrême lenteur ; il retient, de plus, avec une grande énergie le chlorure de calcium qui se produit dans les réactions et qu'il eût fallu cependant éliminer par des lavages, car on ne pouvait, sans danger pour les consommateurs, livrer un produit renfermant une quantité considérable d'une substance dont l'effet sur la végétation était totalement inconnu. Pour arriver à laver convenablement le phosphate de chaux précipité il eut fallu commencer par le dessécher au feu pour lui donner un peu d'adhérence ; mais alors les frais de combustible rendaient l'opération extrêmement oné-reuse.

Si l'opération ne réussit de cette façon qu'imparfai-tement, on peut dans d'autres circonstances où le combustible est à meilleur marché employer une autre méthode qui, essayée en grand actuellement, paraît ap-pelée à réussir.

L'attaque de la poudre des nodules par l'acide chlor-hydrique se fait à chaud dans des vases de plomb ; les liqueurs décantées sont évaporées à sec et les vapeurs chlorhydriques sont recueillies dans des bombonnes remplies d'eau, où elles se condensent, de sorte que le même acide peut servir plusieurs fois à attaquer et à dissoudre les nodules ; tout celui qui avait agi sur le *phosphate* est ainsi retrouvé, le sel dissous reprenant sa composition primitive quand la chaleur a chassé le dissolvant ; il n'en est pas de même de l'acide qui a agi sur le *carbonate* de la poudre, il reste dans le pro-duit à l'état de chlorure de calcium.

Ce chlorure de calcium est au reste très-difficile à enlever par des lavages, même faits à l'eau bouillante, il adhère au phosphate de chaux avec une ténacité qui ferait croire à une combinaison.

M. Chéry, le directeur de l'usine où s'emploie ce procédé, m'a remis un échantillon de ses produits, dont l'analyse donne :

Eau	4
Phosphate de chaux...........	74
Oxyde de fer.....................	3,5
Chlorure de calcium.............	19
	100,5

Après un lavage à l'eau bouillante, 100 parties contenaient encore 14 de chlorure de calcium.

Quoi qu'il en soit, ce produit est très-remarquable ; il est certainement infiniment plus attaquable que le phosphate de chaux des os, et est appelé à un très-bel avenir, si le chlorure de calcium qu'il renferme n'a pas d'effets fâcheux sur certaines cultures spéciales, et si on ne rencontre pas dans sa fabrication quelques difficultés imprévues.

M. Chéry affirmait pouvoir donner ce produit à 13 ou 14 fr. les 100 kilos, ce qui, comme on voit, est inférieur au noir animal ou aux os, bien que le produit soit très-riche et très-facilement assimilable.

§ V. Du traitement des nodules par l'acide chlorhydrique. — En même temps qu'on essayait à la Villette de fabriquer du phosphate de chaux pur, on cherchait à attaquer simplement par l'acide chlorhydrique le phosphate de chaux des nodules, sans le dissoudre, de façon à lui communiquer un peu de la solubilité qu'on croyait lui manquer.

Le mélange ne fut jamais fait qu'à la pelle, l'opération est ainsi peu régulière et de plus pénible pour les ouvriers, qui sont exposés aux vapeurs de l'acide chlorhydrique. L'attaque se fait cependant avec énergie, et les poudres traitées par 20 p. 100 de leur poids d'acide chlorhydrique présentent une assez grande solubilité, la moitié environ de leur phosphate de chaux peut être entraînée par un simple lavage à l'eau.

Pendant l'opération, il se forme, soit aux dépens du carbonate de chaux, soit aux dépens du phosphate de la même base, une certaine quantité de chlorure de calcium, ainsi que nous l'avons vu déjà ; laisser ce chlorure est dangereux, mais l'enlever est difficile. En effet, pour procéder aux lavages qui devront l'éliminer, il faut commencer par saturer l'acide chlorhydrique et par transformer en phosphate insoluble le phosphate acide qui se forme sous l'influence de l'acide chlorhydrique. Avec les lavages reparaissent les difficultés qui tiennent à la nature gélatineuse du phosphate de chaux récemment précipité ; il est possible toutefois qu'on puisse lever cette difficulté en desséchant les produits de façon à donner au phosphate de chaux un peu de cohésion, qui lui permettrait de se rassembler au fond des tonneaux où s'exécute le lavage. Je dis : il est possible, car on commençait seulement les essais dans ce sens quand une catastrophe financière vint les arrêter.

On voit cependant que les difficultés qui naissent de l'emploi de l'acide chlorhydrique compensent largement la différence qui existe entre son prix et celui de l'acide sulfurique, et que, même au point de vue économique, ce dernier acide est préférable.

§ VI. **Du traitement des nodules par l'acide sulfurique.** — Nous ne marchons plus ici sur un terrain inconnu ; depuis longtemps les Anglais fabriquent soit avec les os, soit avec les nodules, soit même avec le guano, un engrais connu sous le nom de *superphosphate*, et dont la consommation est énorme de l'autre côté de la Manche. — Grâce à ce traitement, les engrais phosphatés ne restent plus, comme chez nous, le lot exclusif de certains terrains, surtout de ceux qui sont récemment défrichés, mais s'appliquent sur tous les sols avec une prodigalité qui montre assez combien ils sont appréciés.

On nous permettra donc d'entrer sur cette fabrication dans quelques détails, que nous emprunterons surtout aux excellents articles publiés dans « *the Journal of the royal agricultural Society of England* » par plusieurs chimistes et géologues distingués, et notamment par M. J. Thomas Way.

Le mélange de l'acide sulfurique à la poudre des os ou des nodules a pour but de transformer la plus grande quantité du phosphate de chaux tribasique qui y est contenu en phosphate acide $PO^5 CaO 2HO$ qui est soluble dans l'eau ; la quantité d'acide à employer dépendra donc de celle du phosphate de chaux qui se trouve dans le produit employé et de celle du carbonate de chaux qui s'y trouve également, car l'acide sulfurique agira sur l'une et l'autre substance ; on voit immédiatement que l'industriel devra choisir avec soin les poudres à traiter parmi celles qui renfermeront la moins grande quantité de carbonate de chaux, afin d'avoir moins d'acide à dépenser sans profit.

Si on employait du phosphate de chaux tribasique pur, il faudrait, pour transformer 100 kilogrammes en phosphate de chaux acide, employer 54 kilogrammes d'acide sulfurique concentré, et pour traiter la poudre des nodules, qui renferme au plus 50 p. 100 de phosphate en moyenne, il en faudrait la moitié, c'est-à-dire 27 kilogrammes, mais comme les nodules renferment toujours des carbonates, on pourrait sans inconvénient employer 30 kilogrammes d'acide concentré $SO^3 HO$; et, d'autant plus que l'acide sera plus étendu, il sera facile, au reste, de calculer la quantité d'un acide déterminé à employer, si on commence par établir, à l'aide d'une opération préalable, son titre en acide réel.

Le mélange de l'acide sulfurique et des poudres détermine une très-grande élévation de température qui favorise la réaction; un des points essentiels pour qu'elle réussisse et pour que l'attaque soit aussi parfaite que possible est :

1° Que les poudres soient aussi fines que possible;

2° Que le mélange soit brassé avec beaucoup de soin.

L'acide sulfurique, en agissant sur la poudre des nodules, donne, en effet, naissance à du sulfate de chaux, à du gypse dont la solubilité dans l'eau est très-faible, de telle sorte qu'il se forme autour de chaque particule de phosphate une couche de sulfate de chaux inattaquable à l'eau et à l'acide sulfurique, et qui empêche l'action ultérieure de l'acide; tout le monde a remarqué cet effet en voulant dégager de l'acide carbonique du marbre ou de la craie à l'aide de l'acide sulfurique; l'action, très-violente d'abord, s'arrête presque immédiatement.

Il est bien évident dès lors que, si les particules sont grosses, l'extérieur seul aura éprouvé l'action de l'acide, et l'intérieur sera complétement préservé; que la transformation du phosphate n'aura pas lieu, que le but ne sera pas atteint. L'agitation du mélange par des moyens mécaniques énergiques au sein du liquide acide facilitera certainement l'action en détachant ces particules insolubles, en renouvelant les surfaces; de cette préparation mécanique, des moyens plus ou moins parfaits qu'elle emploiera dépendra, en grande partie, la bonne fabrication du produit.

Les procédés, au reste, peuvent être variés à l'infini; celui qui se présente le plus naturellement à l'esprit consisterait dans l'emploi d'un cylindre de tôle doublé de plomb ou même de bois, dans lequel le mélange de poudre ou d'acide serait introduit et agité à l'aide de palettes fixées sur un arbre tournant dans l'axe du cylindre; une ouverture placée suivant l'une des arêtes du cylindre permettrait l'introduction des matières quand le cylindre, que nous supposons mobile, serait tourné vers le haut, et la sortie quand on aurait fait exécuter à l'appareil une demi-révolution.

On arrive ainsi à donner au phosphate des os ou des nodules une grande solubilité dans l'eau, sans toutefois qu'il soit, en général, entièrement transformé; mais la valeur de l'engrais croîtra en raison de la quantité qui aura été ainsi tranformée. Dans les nombreuses analyses que donne M. Way (1), on trouve que, sur 171 échantillons de superphosphate analysés,

11 ou 6 1/2 % renfermaient moins de 5 % de phosphate soluble.
49 ou 29 %   —   entre 5 et 10 %   —
60 ou 35 %   —   — 10 et 15 %   —
40 ou 23 %   —   — 15 et 27 %   —
11 ou 6 1/2 %   —   au-dessus de 20 %   —

(1) *Journal of the royal agricultural Society,* tome XVI, 2e partie, p. 552. 1856.

Ainsi, on voit qu'en Angleterre les deux tiers environ des engrais vendus sous le nom de superphosphates renferment plus de 10 p. 100 de phosphate soluble.

Parmi les échantillons que M. Way considère comme les mieux préparés, nous citerons les suivants pour donner une idée du rapport qui existe entre le phosphate de chaux soluble et celui qui n'a pas été attaqué. Dans 100 parties :

| Phosphate soluble... | 12,42 | 8,27 | 12,34 | 5,76 | 12,34 |
| Phosphate insoluble. | 0,00 | 0,00 | 6,91 | 8,50 | 6,91 |

J'ignore quel procédé M. Way a suivi pour doser le phosphate soluble. Quant à moi, j'ai toujours trouvé, dans les essais que j'ai faits, que l'acide sulfurique donnait naissance à de l'acide phosphorique libre en grande quantité, en même temps qu'il restait aussi de l'acide sulfurique en liberté.

C'est ce qui résulte nettement des expériences suivantes, faites sur deux produits anglais et sur un échantillon obtenu à la Villette avec des nodules :

On a pris de chacun de ces engrais deux échantillons de 5 grammes chacun, qu'on a lessivés avec un litre d'eau ; on a dosé dans une des liqueurs l'acide sulfurique total, dans l'autre, successivement la chaux et l'acide phosphorique. On voit de suite que la chaux est insuffisante pour former, avec l'acide sulfurique et l'acide phosphorique, des sels, et qu'une partie des acides est libre.

On a trouvé en effet :

	Echantillon anglais, n° 1.	Echantillon anglais, n° 2.	Echantillon de la Villette.
Acide sulfurique.	0,486	1,051	0,413
Acide phosphorique..........	0,378	0,278	0,063
Chaux.................	0,284	0,432	0,222

Il faudrait, pour que tout l'acide sulfurique trouvé fût à l'état de sulfate de chaux et tout l'acide phosphorique à l'état de phosphate, $PO^5CaO. 2HO$.

	N° 1.	N° 2.	N° 3.
Chaux.......	0,461	0,995	0,464

Différence en moins :

	N° 1.	N° 2.	N° 3.
Chaux.......	0,157	0,563	0,242

Ainsi, l'acidité des phosphates traités par l'acide sulfurique n'est pas due exclusivement à du phosphate acide de chaux, mais aussi à des acides sulfurique et phosphorique libres, surtout à ce dernier, car, en traitant les produits précédents par de l'alcool faible, on n'obtient plus dans les liqueurs que de faibles quantités d'acide sulfurique.

C'est probablement à cause de cet excès d'acide que plusieurs fabricants neutralisent les produits avant de les livrer à la consommation. Toutefois, M. Way, dont les opinions ont un grand poids dans la question, repousse complétement cette neutralisation.

Ainsi, il condamne l'usage assez répandu d'attaquer, avec tout l'acide que l'on veut employer pour le traitement d'une certaine quantité de matière, une partie seulement de cette matière, et d'ajouter ensuite le reste au produit, l'acide phosphorique qui est mis en liberté dans la première action ayant d'après lui beaucoup moins d'énergie pour l'attaque des phosphates que l'acide sulfurique.

Si on croit nécessaire d'effectuer la neutralisation des produits, il convient pour le faire de choisir, parmi les substances sur lesquelles est établie la spéculation, les plus faciles à attaquer. Ainsi, on arriverait probablement à de bons résultats en attaquant la poudre des nodules par l'acide sulfurique, puis en la neutralisant par du noir animal ou de la poudre d'os. On pourrait aussi employer de la chaux, des cendres de bois ou de houille mélangées à du charbon comme absorbant; mais, dans ce cas, on pourrait craindre de diminuer beaucoup trop la proportion de phosphate de chaux contenu dans le produit.

Le *superphosphate de chaux* présente, à côté de l'inconvénient d'une grande acidité qui empêche son emploi dans certains cas, l'avantage de se distribuer plus facilement et plus également dans le sol. Si le fermier délaie son produit dans l'eau avant de l'étendre et l'étend sur le sol à l'aide d'une pelle, comme on le fait dans le Nord pour l'engrais flamand, chaque partie de terrain recevra, pour ainsi dire, une petite dose d'acide phosphorique en dissolution, qui sera bientôt saturé et précipité, mais se trouvera dans un si grand état de solubilité dans l'acide carbonique, que les plantes pourront l'absorber avec la plus grande facilité.

On peut encore, suivant les conseils de M. Way (1),
« ajouter la quantité de superphosphate de chaux qu'on
doit employer, ou la plus grande partie de cette quantité au fumier de ferme qui doit être employé en même
temps.

« On fait cette opération en plaçant par couches,
avec l'engrais, le superphosphate quelque temps avant
de l'employer, ou en le mélangeant avec de l'eau et du
purin, et en aspergeant le tas de fumier avec le liquide.

« On peut encore incorporer le phosphate de chaux
dissous dans l'eau à une quantité considérable de terre,
et le retourner une fois ou deux, en le laissant exposé
à la pluie, pour favoriser la distribution du phosphate soluble. Le composé est ensuite répandu sur
le sol. »

Quelle que soit, au reste, la manière dont on distri-
bue le superphosphate de chaux, ses effets sur les cultures en Angleterre ne sont pas contestables.

C'est par milliers de tonnes que cet engrais est fabriqué, et depuis une vingtaine d'années son usage s'est
répandu presque aussi rapidement que celui du guano,
dont le Royaume-Uni consomme plus de 100,000 tonnes.

Les expériences scientifiques ne manquent pas plus
que les résultats de la grande culture; nous avons
déjà parlé à différentes reprises de celles du duc de
Richmond, entreprises dès 1843; les os traités par l'a-
cide sulfurique ont donné une récolte supérieure d'un
cinquième à celui que donne le guano.

M. Voelcker, professeur de chimie au Collége royal

(1) *The Journal of royal agricultural. . ...., du superphosphate of lime,* tome XII, 1ʳᵉ partie, p. 234. 1851.

de Circester, a obtenu sur des navets, en employant des engrais pour des valeurs mercantiles égales, 34. 020 kilogrammes par hectare, tandis qu'il n'en obtint que 32. 020 kilogrammes avec le guano (1).

Les résultats, toutefois, ne sont pas les mêmes dans tous les sols, et, sur les terrains granitiques et schisteux, les superphosphates font manquer les récoltes, ainsi que cela résulte des expériences de M. Bobierre (2) et de celles de M. de Molon, entreprises en Bretagne sur la culture du sarrasin (3).

CONCLUSION.

Peut-on tirer des longues considérations qui précèdent quelques conclusions sur la manière dont peuvent être employés les engrais phosphatés ? Les faits fournis par les expériences agricoles, les déductions auxquelles conduisent les travaux du laboratoire sont-ils assez nombreux, assez précis pour qu'on puisse en faire découler des préceptes sur l'usage des noirs d'os ou des nodules de phosphate de chaux ?

Peut-être faudrait-il attendre de nouveaux renseignements avant de formuler ces préceptes ; j'essayerai, cependant, de tirer des faits connus les conséquences qu'ils comportent, ne serait-ce que pour constater l'état actuel de la question et faire naître une discussion dont

(1) La Trehonnais, *Journal d'agriculture pratique*, t. VII, p. 281. 1857.

(2) Bobierre, *Thèse pour le doctorat,* p. 112.

(3) De Molon, *Comptes-rendus,* tome XLVI, p. 234.

la science profitera d'abord, dont la pratique agricole fera ensuite son profit. Le but que je me suis proposé dans ce travail sera ainsi atteint.

Les engrais phosphatés proprement dits :

Os,

Noir animal,

Poudre de nodules,

peuvent être employés sous quatre formes différentes :

1° A l'état naturel, sans aucun traitement ni mélange ;

2° A l'état naturel, mais additionnés de matières azotées ;

3° Traités par l'acide sulfurique ;

4° Traités par l'acide sulfurique, mais additionnés de matières azotées.

1. *De l'emploi des phosphates à l'état naturel.* — Les noirs d'os, dont l'utilité n'est plus discutable devant la consommation gigantesque qu'en font l'ouest et le centre de la France, ont des prix assez variables. — En moyenne, à Nantes, ils valent 17 fr. les 100 kilos ; leur prix a atteint 24 et 26 fr. quand, il y a quelques années, la cherté des céréales poussait aux défrichements. Ils renferment en moyenne 50 p. 100 de phosphate de chaux.

La tonne de nodules pulvérisés renfermant de 35 à 45 p. 100 de phosphate de chaux coûte encore à Paris de 100 à 110 fr. ; ce prix très-élevé baissera probablement par suite de la concurrence ; à Londres, la tonne n'est cotée qu'à 3 l. s. 15 sh., c'est-à-dire 90 fr. 75 c.

et les nodules anglais renferment en moyenne 52 p. 100 de phosphate, prix inférieur pour un engrais plus riche.

La solubilité de la poudre des nodules dans les acides acétique et carbonique nous avait fait prévoir, dès le début de l'exploitation des phosphates fossiles, ses excellents effets dans les terres de bruyères.

Les expériences plus récentes que nous avons faites sur la décomposition des phosphates de fer et d'alumine par les carbonates sont venues ajouter de nouvelles raisons à l'appui de cette opinion.

Elle a été confirmée de la façon la plus complète par l'observation scientifique ou pratique, par les expériences faites sur une petite échelle, ou par les résultats obtenus dans la grande culture ; il s'est trouvé qu'en Bretagne la poudre des nodules donnait de meilleurs résultats que le noir animal.

Nous pouvons donc aujourd'hui écrire encore ce que nous imprimions il y a deux ans, avant qu'aucun résultat de la culture ne l'eût encore précisé (1) :

La poudre des nodules peut être employée utilement sur les terres de bruyères granitiques comme celles de la Bretagne.

2. *De l'emploi des phosphates mélangés aux matières animales.*— C'est un fait démontré actuellement, et les expériences synthétiques de M. Boussingault (2) n'y ont pas peu contribué, que les phosphates sans

(1) *Comptes-rendus,* tome XLV, p. 13. 1857.
(2) *Comptes-rendus,* tome XLV, p. 833. 1857.

azote, comme les matières azotées sans phosphate, ne sont pas des engrais ; dans le cas précédent les nodules, les noirs d'os réussissent sur des terres qui renferment accumulés des débris organiques dans lesquels il existe un peu d'azote ; le phosphate est l'élément de fertilité qui manque ; s'il apparaît, la terre se trouve constituée dans les conditions de fertilité normale, jusqu'à ce que l'azote du sol soit épuisé.

Veut-on éviter cet épuisement ? au lieu d'employer des nodules purs, des noirs neufs, enfouissez des nodules animalisés, des noirs de raffinerie chargés de principes azotés.

Paris est le passage des nodules de l'est qui vont se faire consommer dans le centre ou dans l'ouest ; Paris, comme toutes les grandes villes, est une source de matières azotées ; ne pourrait-on, pendant le séjour que les phosphates fossiles font dans nos usines, les mélanger avec des matières azotées, sang desséché, poudrette, etc. ? On y a pensé dès longtemps (1).

En admettant qu'on veuille fabriquer un engrais renfermant 1 p. 100 d'azote, ce qui est un minimum, il faudrait mélanger à 100 kilos de nodules 6 kilos de sang desséché, qui renferme 16 p. 100 d'azote. Cet engrais vaut en moyenne 200 à 225 fr. les 1,000 kilos ; on aurait donc un produit valant de 11 fr. 20 à 12 fr. 50 c. les 100 kilos, et dont les effets ne pourraient être qu'excellents. Même enrichis ainsi, les nodules sont encore à un prix bien inférieur au noir animal et, d'a-

____

(1) *Comptes-rendus,* tome XLVI, p. 233. 1858.

près des expériences nombreuses, ils doivent, dans les terrains de défrichement, lui être préférés.

Ainsi le noir animal neuf, la poudre des nodules sont excellents dans les défrichements encore pourvus d'azote, mais ils épuisent cet azote ; le noir de raffinérie, les nodules azotés apportent les deux éléments de fertilité et, tout en produisant de belles récoltes actuelles, ils maintiennent le sol dans des conditions au moins aussi bonnes que celles où il était d'abord.

3. *De l'emploi des superphosphates animalisés.* — Faut-il en rester là et n'employer, ainsi que cela a lieu encore chez nous, les engrais phosphatés que sur les terres de défrichement ; ces produits sont-ils le lot exclusif des pays pauvres, sont-ils inutiles dans nos vieilles terres de la Beauce et de la Brie, qui depuis tant d'années envoient du phosphate de chaux dans les catacombes et les cimetières de Paris ?

Le raisonnement semblerait prouver le contraire : est-ce qu'en Angleterre, sur des terrains de toutes sortes, on ne jette pas à pleines mains les superphosphates, c'est-à-dire le phosphate de chaux amené à un état de solubilité maximum, dans lequel il est dissous même en présence du carbonate de chaux, ce consommateur d'acide carbonique qui le laisserait inerte dans d'autres conditions ?

Essayons donc. L'agriculture des environs de Paris n'est pas cette routinière qu'on croit ; le colza en Normandie et dans la Brie, les betteraves dans l'Oise et dans l'Aisne, montrent assez que, se livrant aux cultures industrielles, elle peut employer les engrais artificiels.

La culture des racines étant beaucoup moins importante chez nous que de l'autre côté de la Manche, le
superphosphate non animalisé me paraît avoir moins
de raison d'être ; un engrais complet serait sans doute
mieux apprécié.

Le traitement des nodules est indiqué et ne présente aucune difficulté sérieuse (1). Si donc, comme
nous l'avons indiqué, on emploie environ 40 kilogrammes d'acide sulfurique à 60° pour 100 kilogrammes de nodules, on aura un produit très-bien attaqué
si le mélange est fait avec soin, et le prix en pourra
être établi comme suit :

```
100 kil. nodules, à..................  10 fr.
 40   —  acide sulfurique à 60°......   4
 10   —  de sang desséché, à........   2
                                      ____
150 kil.                              16 fr.
```

On aura, pour 10 fr. 60 c., 100 kilos d'un engrais
renfermant un peu plus de 1 p. 100 d'azote et 26 p. 100
de phosphate de chaux.

Ce prix de revient serait inférieur à celui de vente
des nodules non traités par l'acide sulfurique, et presque égal à celui des engrais anglais ; à Londres, en
effet, un superphosphate renfermant 29.5 de phosphate de chaux, dont 16.5 de phosphate soluble et
1 d'ammoniaque, vaut 17 fr. 50 c. les 100 kilos ; un
autre, renfermant 34.86 de phosphate total et 1.30 d'am-

______

(1) J'ai déjà indiqué les difficultés qui naissent de l'emploi de
l'acide chlorhydrique ; la présence du chlorure de calcium était
la plus grande. Pour la culture des betteraves, il me paraît surtout à craindre ; peut-être agirait-il comme le chlorure de
sodium, qui empêche la cristallisation du sucre.

moniaque, se vend 14 fr. 5. On remarquera de plus que j'ai compté à 10 fr. les 100 kilos de nodules, ce qui est un prix maximum.

Si l'on réfléchit à l'importation considérable de guanos qui se fait actuellement en France, si on se rappelle qu'en 1854 12,000 tonnes seulement sont entrées, tandis que nous en avons consommé 35,000 en 1856, 50,000 en 1857, on peut en conclure que le marché est ouvert à tous les engrais bien composés. A Londres, la compagnie des *nitrophosphates* livre tous les ans 40,000,000 de kilogrammes d'engrais, elle emploie 15,000 litres de sang desséché par jour et 30,000 kilos d'acide sulfurique qu'elle fabrique elle-même (1).

Pourquoi Paris n'aurait-il pas aussi sa gigantesque usine à nitrophosphate ?

Fabriquer en France, à l'aide de l'acide sulfurique, des nodules et du sang desséché, un engrais présentant ces deux éléments de fertilité qui, comme on l'a si bien dit, résument la science agricole : *azote et phosphate*, c'est généraliser à tout le territoire l'emploi d'un engrais réservé jusqu'ici aux défrichements, et c'est contribuer à la prospérité générale du pays ; car, aujourd'hui comme du temps de Sully, *le pâturage et le labourage sont les deux mamelles de la France, les vrais mines et trésors du Pérou.*

Ce travail a été exécuté dans le laboratoire de M. E. Baudement, au Conservatoire impérial des Arts

____

(1) La Trehonnais, *Revue de l'Angleterre*, 2e livre, p. 199.

et Métiers ; qu'il me soit permis, en terminant, d'exprimer à ce savant professeur toute ma gratitude pour la bienveillance et l'intérêt avec lesquels il m'a conduit, guidé, conseillé pendant le cours de ces longues recherches.

TABLE DES MATIÈRES.

Chapitre II. *Richesse des engrais en acide phosphorique.*

SECONDE PARTIE.

SUR L'ASSIMILATION DE L'ACIDE PHOSPHORIQUE PAR LES PLANTES.

Chapitre Ier. *Des agents chimiques du sol.*

Chapitre II. *Action des agents chimiques du sol sur les phosphates.*

CONCLUSION.

Evreux, A. HÉRISSEY, imp. — 260.